云时代的信息技术

资源丰盛条件下的计算机和网络新世界

高汉中　沈寓实　著

图书在版编目(CIP)数据

云时代的信息技术:资源丰盛条件下的计算机和网络新世界/高汉中,沈寓实著.—北京:北京大学出版社,2012.12
ISBN 978-7-301-21338-4

Ⅰ.①云… Ⅱ.①高…②沈… Ⅲ.①计算机网络—研究 Ⅳ.①TP393

中国版本图书馆 CIP 数据核字(2012)第 236546 号

书　　名:**云时代的信息技术——资源丰盛条件下的计算机和网络新世界**
著作责任者:高汉中　沈寓实　著
责 任 编 辑:王　华
标 准 书 号:ISBN 978-7-301-21338-4/TP・1251
出 版 发 行:北京大学出版社
地　　址:北京市海淀区成府路 205 号　100871
网　　址:http://www.pup.cn　　新浪官方微博:@北京大学出版社
电 子 信 箱:zpup@pup.cn
电　　话:邮购部 62752015　发行部 62750672　编辑部 62765014　出版部 62754962
印 刷 者:北京宏伟双华印刷有限公司
经 销 者:新华书店
720mm×1020mm　16 开本　10 印张　190 千字
2012 年 12 月第 1 版　2012 年 12 月第 1 次印刷
定　　价:28.00 元

序 言 一

云计算作为新一代信息技术、物联网和移动互联网的神经中枢，将引发新一轮的产业革命，使人跨越时间空间，使虚拟世界和真实世界融通起来，产生新的爆发力，使生产力有更新的飞跃。这场信息革命将改变所有产业，包括能源产业、制造业和生命科学。全球各国家的竞争力也会随之重新洗牌。

从全球范围看，美欧等发达国家和微软等跨国企业已经投入巨资，积极部署云计算的基础架构、操作系统、应用平台，以及开发大量的应用和服务。近年来，中国政府和企业同样对“云”有了更深的认识，并将云计算作为战略性新兴产业重点发展，这非常具有远见。

不可否认的是，云计算的发展还面临着诸多重大挑战。在信息处理领域，越来越庞大的硬件和越来越复杂的软件导致了第三次软件危机的来临，如何在多核平台上仍然保持性能的持续增长，成为这次软件危机的核心。在网络通信领域，具有普遍高品质保证的、有线无线高度结合无缝覆盖的大网络时代，迟迟未能到来，根本技术上亟待突破。云安全技术也是云计算发展另一个重要瓶颈。除了上述技术上的挑战外，云时代的来临还必然伴随着相应的政策法规完善和社会伦理演变。

我与高汉中先生相识已有20余年；与沈寓实博士在微软共事，也有着诸多合作。他们两人撰写的《云时代的信息技术——资源丰盛条件下的计算机和网络新世界》一书，值得推荐。在计算、存储和网络三大基础性IT资源已经丰盛的基础上，该书对计算机和网络通信的根本理论进行了深入的、革命性的再思考，全面系统且富有创造性地提出了新型计算构架和新型网络技术，并预见性地为其勾画出一条商务发展路径。

重大科技变革推动着人类社会的不断发展，云计算代表的正是这样一种变革。

期望我们在变革的世界中，能够把握未来趋势，将整体理念提高到与时俱进的高度，利用跨越式发展的良机，为人类社会的可持续发展做出更大贡献！

张亚勤博士
微软全球资深副总裁
微软亚太研发集团主席

序言二

整个IT发展的历史是一部不断创新的历史。计算机、互联网和有关无线通信技术都是上世纪具有划时代意义的伟大发明，其本质是释放了人类的智力，在全球范围内扩张了人类的分享知识和创新能力，并在更大范围内推动了人类更高效率、更低成本的协同工作。

如今，“创新”和“全球化”的结合，创造了更大发展机遇。放眼未来，计算和通信可能面临全新的变革。云计算带来的不仅是规模经济效益，庞大数据能够真正产生巨大的价值，包括大数据挖掘、智能分析和个性化共享，这将奠定未来IT产业、传统产业和社会经济所必须依赖的基础。通信领域的变革同样令人鼓舞，这包括高品质实时视频互通的规模化普及，网络安全水平的本质提升，有线通信和无线通信的无缝结合，智能移动终端的全新个性化服务，等等。

《云时代的信息技术——资源丰盛条件下的计算机和网络新世界》一书从全新的视角审视了计算和通信的本质和发展规律，是一部具有创造性和开拓性的科技作品。在信息资源已经丰盛的基础上，书中描绘出一幅重建虚拟世界的新图景。

创新是IT产业的精髓。理论创新是最根本的创新，实践上的执行力同样重要。我相信，随着新信息技术的突破，人类必将进入到一个全新的智能时代！

本书作者之一的沈寓实博士是在美国加州大学圣迭戈分校获博士学位，导师之一是L. B. Milstein教授，他们在IEEE期刊发表过多篇论文。我于80年代初在Milstein教授处作访问学者两年，我们也在IEEE期刊发表过论文。今年在成都召开的ICCP2012会议上，我和沈博士进行了深入交谈，他的经历和成就吸引了我。应他之邀，我欣然为此书作序。

李乐民

中国工程院院士

电子科技大学教授、博导

序言三

云计算这一名词的问世，不过短短数年，但在中国乃至全球，却已被炒得大红大紫，且愈演愈烈。相关书籍更如雨后春笋，层出不穷。可惜，细究起来，我们看到的却是另一番景象：虽有众说纷纭，无非人云亦云，云里雾里；红红火火之下，难掩实质上的空洞和贫乏。

近日，细细研读了高汉中先生和沈寓实先生撰写的《云时代的信息技术——资源丰盛条件下的计算机和网络新世界》一书，大有廓清迷雾，正本清源之感。云计算的本质是什么？云时代的未来将是怎们的图景？当今各大 IT 巨头的共同盲点在哪里？中国如何依靠云计算实现创新性突破、跨越式发展？本书中都给出了与众不同且发人深省的答案。

本质上，到目前为止，整个信息产业的历史就是计算、存储和网络三大基础性资源不断发展且相互博弈的历史。本书的基点，在于人类已经从百十年来的信息资源贫乏时代，进入到资源丰盛时代，在此基础上，整个 IT 理论和应用将被重新构造：计算角度，云端运算力的颠覆性资源将不是大家熟悉的个人电脑，也不是各大公司和多国争相攀比的服务器集群或超级电脑；存储角度，大数据存储的颠覆性资源将不是 Oracle 数据库和传统文件存储系统；网络角度，互联网的颠覆性资源将不是大家熟悉的 IP 技术或者由 Cisco 路由器搭建的 IP 互联网，无线通信的颠覆性资源也不是大家熟悉的 LTE 和 4G 移动通信。

本书所提出的最具颠覆性的理论可以概括为：曾经代表 PC 时代战略要塞的"操作系统和 CPU"，即"Win-Tel 联盟模式"，在云时代将让位于新的战略高地，即"大一统互联网和云端信息中枢"。

一切似乎是天方夜谭，但在人类的科技发展史上，从来就不缺乏颠覆，也不缺乏惊喜。面对划时代的变革，正如汽车时代不再使用马车的技术、发电厂不是发电机的堆积，云时代的中央信息中枢和通信网络也不会是现有IT技术的自然延伸！

这场以计算和通信方式为核心的信息革命，其影响将是方方面面的、无孔不入的、裂变式爆发的！或许，正如书中所说，当今整个IT产业界和学术界已经来到了一个十字路口，能否迎来光明的未来，端在于我们对IT全局融会贯通的基础上，是否敢于扬弃传统IT的技术思路。

我相信，历史或会证明，本书将是一部在IT学术界和产业界都具有全面划时代意义的革命性著作。革命性的理论将催生革命性的实践。未来属于那些敢于颠覆也善于创造的人们！

胡　泳
北京大学新闻与传播学院副教授
互联网和新媒体评论家

前　言

本书涵盖了云端计算和存储、互联网和移动通信领域的许多热点话题。但是，请您不要以为本书是一本博采众家的大杂烩。可以保证，尽管本书所涵盖的范围极宽，但是书中每一个观点几乎都与您在网上或图书馆找到的答案截然不同。

其实，IT行业的有识之士早已看到了互联网、无线通信，以及计算机技术面临的困境。但是，解决问题的出路在哪里？

多年来，由于传统束缚、惯性思维、既得利益、资源垄断、"近亲繁殖"等各种原因，IT产业过多地专注于微观层面竞争和快餐式应用，鲜有人敢于直面宏观问题的根源。经过长期研究，本书同时论述信息领域三大主题，即计算机、互联网和移动通信的发展瓶颈和致命缺陷，提出颠覆性理论和发展观。

纵观历史，计算机和网络发展过程中有许多关键的选择点，串起这些节点可以清晰看到信息技术的进化轨迹。我们认为：在当年相对匮乏的资源环境下，这些选择是合理正确的；但今天的资源环境已经发生翻天覆地的变化，在新环境下，如果我们退回到某些关键节点，重新审视当初的决定，调整方向，作出更佳选择，将会取得创造性的跨越式发展机遇。实际上，正是我们在资源贫乏时代作出的某些短视选择，造成了长期发展的瓶颈，后来我们采取的一系列肤浅的、治标不治本的补救措施，终至如今难以自拔的境地。预见未来后而敢于后退，从而开创出全新的未来发展空间，这正是颠覆性历史创新的思想纲领，跨越性发展思路的哲学本源！

具体的，本书认为，只要转换到资源充分富裕的思维模式，采用"退回去重新选择"的方法，解决当前计算机和网络难题的途径不可思议地简单，"大道至简"，遵循本书的理论、技术和推广路线图，能够对未来网络经济带来不可估量的进步作用。

想要知道其中的秘密，以及获得相匹配的商业机会，您需要付出的代价无非是仔细阅读本书内容。如果您急于知道这个秘密，那么，可以概括为一句话：舍得扬弃过去30年积累的传统理论和技术思路。

1. 在计算机领域

我们看到一个事实：过去50年，可追溯到个人电脑之前，例如今天中国铁路售票系统与45年前美国航空订票系统相比，计算机的运算能力累计增加数亿倍，但是，服务能力仅累计增加数百倍，足以说明当前计算机效率不可思议地低下。

本书揭示另一个事实：100年前，制造业的生产流水线已经获得巨大成就，但是，今天在高科技的计算机领域，居然还在延续原始的行为模式；具体表现为串行操作的CPU硬件和洋葱式的层叠软件，系统能力受限于手艺精湛的老师傅，即单一的应用软件。

本书还揭示第三个事实：70多年前，自从图灵发明有限状态自动机以后，计算机发展出了两个主要流派，以诺依曼为代表的独立硬件和软件体系取得了巨大的商业成功，另一派神经网络由于理论缺陷而误入歧途。

进入云时代，我们将看到，云端运算力主要消耗在实时多媒体内容的深度加工，以及各类人工智能的应用。传统诺依曼计算体系遭遇难以逾越的瓶颈，云计算提供了技术和应用之间的天然隔离，所有事实表明：突破诺依曼计算体系的时机到了。

本书提出云端信息中枢概念，一方面，通过剥离多媒体内容，将人性化环境建设指派到用户终端，拧干传统个人电脑模式的低效率水分；另一方面，通过基于神经网络的非诺计算机结构，拓宽传统神经网络的局限，无限扩展系统功能和规模。本书的贡献包括创新思维模式、计算理论和技术，充分展示了云端计算体系的完整性、新颖性和实用性。很明显，这是从第一台计算机问世以来最大的结构性变革，作为开创云时代的奠基。

2. 在互联网领域

云时代的特征是娱乐和体验，但是，当前的互联网表现出致命的缺陷：

(1) 网络传输品质不能满足观赏过程的体验；

(2) 网络下载方式不能满足同步交流的体验；

(3) 网络安全和管理不能满足视讯内容消费产业的商业环境和计费模式。

更有甚者，在可预见的将来，上述问题在IP网络中解决无望。基本常识告诉我们，云时代的应用王国不能建立在沙滩上，千万不要忘记寻找一片坚实的土地。毫无疑问，如果造物主设计网络，绝对不会容忍如此弊端。

在人类没有掌握光纤通信技术的时代，我们看到的网络世界，包括传统的电信、有线电视、互联网和移动通信，统称为“窄带世界”。

今天，我们看上去学会了光纤技术，但是，业界并没有真正理解光纤的灵魂。

什么是光纤的灵魂？就是富裕带宽资源的终极目标是满足人类感官体验的极限。

本书认为，当前通信网络工业思维模式还停留在窄带世界。只有充分掌握光纤资源的灵魂，聚焦终极目标，整个网络才能进入一个完全不同的新世界，传统无线技术才能获得新生，大规模视频通信服务将成为可能。那时，才能称其为“宽带世界”。

进入云时代，我们将看到，大一统网络融合传统信息服务、媒体、通信和娱乐平台为一体，其中，还包括无线通信服务达到有线同质化水平。在坚实的大一统基础上，通信网络的主要任务从传递消息过渡到传递感官体验。（注：传递消息占用的总资源微不足道。）

本书明确告诉读者，今天网络世界中大部分热门技术，不论多好，在新世界终将成为多余。今天网络世界中无法解决的难题（品质保证、实时性和网络安全），不论多难，在新世界中将不复存在。本书并不提倡用“聪明”的方法试图解决当前网络的安全和品质难题，而是用“智慧”谋求本质上不存在安全和品质弊端的网络架构。本书揭示了一个具有战略价值的事实，未来网络是一片未开垦的处女地。

3. 在移动（无线）通信领域

移动通信和无线终端为消费者带来极大的便利，把网络服务推进到“泛在”的境地，必然成为 IT 产业兵家必争之地。但是，当前的移动业务主要局限在填充消费者的“碎片化”时间。本书首次提出无线通信的终极目标，这就是提供有线固网同等水平的服务。一旦移动通信充分通畅，手机终端智能自然移向云端，终端进一步空洞化，导致云时代应用突飞猛进。

实现这一目标的焦点是大幅提升无线系统带宽。但是，香农信道极限理论[4]告诉我们，当前移动通信行业所推崇的长期演进计划不能提供足够的带宽，不能满足本书所述的终极目标，即无线多媒体业务的需求。

本书认为，解决无线通信带宽不足的根本出路在于网络架构创新，或者说，微基站网络。实际上，微基站概念是相对于当前蜂窝网宏基站而言，大幅度缩小基站覆盖半径，意味着减少单个基站服务的用户数，等效于大幅度增加每个用户的可用带宽。因此，只要不断缩小基站覆盖半径，就能充分满足未来无线通信的带宽需求。

但是，这个看似简单的微基站网络包含许多复杂问题。本书详细探讨了边界自适应微基站无线通信网络的原理，指明了破解难题的基本思路和诀窍，其中包括解决微基站间的信号干扰和快速无损切换难题。根据本书理论，无线基站就像电灯一样，天黑了，我们只需照亮个人的周边活动环境，在照明度不够的地方随意添几盏路灯，而不是复制一个人造太阳。

在此基础上，本书还附带提出“兼职无线运营商”的推广模式，和平灾兼容的解决方案。

4. 为什么本书观点与众不同？

难道说，传统技术都错了吗？当然不是，传统技术在资源贫乏的前提下都是合理的。

但是，时代变了，资源和需求的关系发生了根本性颠倒，我们进入了资源丰盛的新时代。本书与众不同之处在于用新思维模式看世界，通过终极目标导向，假设已经到了未来世界，回头再看 IT 产业的发展轨迹，云时代的信息技术自然变得清晰可见。

我们知道，信息产业的基础资源(芯片、存储、带宽)代表了日新月异的科技成果，是一个不断增长的“激变量”；人类接受外界信息的能力决定于百万年漫长进化的人体生理结构，是一个基本恒定的“缓变量”。今天我们看到的各种高科技应用，无非是多了一个电子化和远程连接，其实早就出现在古代的童话和神鬼故事中，今天的科幻电影无非是把老故事讲得更加生动和逼真。站在历史大跨度，从三星堆出土的“千里眼顺风耳”大面具，到好莱坞大片“阿凡达”，人类远程通信的基本需求五千年未变，可以推测，未来几百年也基本不会变。从古到今，这些丰富的想象力代表了人类信息需求和文明的极限。

显然，“信息资源”和“信息需求”是两个独立物理量，不可能同步进化，因此，两者轨迹必然存在交叉点。

在交叉点之前，信息资源低于需求极限，信息产业发展遵循窄带理论，每次资源的增加都能带来应用需求同步增长。因此，人们习惯于渐进式思维模式，或称为“资源贫乏时代”。

一旦越过交叉点，独立的信息资源增长超过需求极限，很快出现永久性过剩，信息资源像空气一样丰富。此时，必然导致思维模式的转变，出现颠覆性的理论和技术。消除了信息资源限制以后，信息化从知性到感性的大转折成为必然。从此，人类信息化将进入一个完全不同的新世界，或称为“资源丰盛时代”。

在资源贫乏时代，为了节约资源，不同需求按品质划分，占用不同程度的资源。因此，资源决定了需求，我们必然看到无数种不同的需求。

在资源丰盛时代，当我们把品质推向极致，原来无数种不同的品质反而简化成单一需求，这就是满足人体的感官极限。也就是说，人体感官的极限决定需求。当然，原先资源贫乏世界的全部服务需求都会继续保留，但是，在数据量上将沦为微不足道的附庸。

在当今信息产业普遍产能过剩，云计算和互联网走向迷茫，全球经济低迷的形势下，跳出旧世界的思想桎梏，站在新世界观察问题，结果当然大不相同。好比您向古代人介绍今天的交通工具，一些理所当然的基本常识，例如汽车和飞机，但是，古代人会觉得不可思议。

5. 本书理论和技术的价值和定位

在资源丰盛时代的新思维指引下，推动信息产业跨上新台阶，带领世界经济走出困境。

本书论述云端计算、互联网、移动通信的理论基础。事实已经证明，过去许多年，三大产业独立发展，前景迷茫难有进步。本书通过突破传统的思维模式，通盘考虑多个跨领域难题，互为依托效果倍增，同时颠覆三大领域的理论架构，自然形成本质可信赖的安全体系。

实际上，颠覆性的替代技术我们见得不少，信手拈来：个人电脑替代王安的文字处理机，互联网替代传统电信，DVD 替代录像带，USB 存储替代电脑软盘，手机替代传呼机，MP3 替代随身听，数码相机替代胶片相机。值得注意，上述被替代的技术都能满足当时的用户需求，表面看很强大，具备长期发展的能力和稳固的市场地位。但是，实际上很脆弱，鼎盛时期毫无先兆地被新技术彻底颠覆，整个过程不过短短几年时间。因此，千万不要迷信当前的权威理论和其不可一世的市场地位。

本书重点论述在资源充分丰盛条件下，IT 产业基础的颠覆性替代技术，及其必然性。

读者能从本书得到多少资讯，理解到什么程度取决于自身的知识和经验。本书提出的各种创新设计思路，基本上都经过了实践验证。显然，限于篇幅本书不是一本设计手册，更不是一本科普读物。

本书未触及用户终端设计，云计算的初级应用已经导致 PC 终端功能弱化。可以推测，随着通信网络的实时性和透明度不断提升，终端硬件和软件功能移到几百公里外的城市云中心，理论上，无非是增加几毫秒延迟。相对人类生理反应时间，这点延迟可以忽略不计。然而，智能功能移到云端必然带来无法抗拒的优势。实际上，复杂智能手机就是把赌注押在网络品质永不通畅的假设上，显然，这个假设迟早不成立。本书认为，随着终端进一步空洞化，终端操作系统的技术屏障弱化，最终下降为简单接口。当前的趋势显示，甚至通用的浏览器可能被撕裂成为多种用户端软插件，成为终端界面上的众多图标之一。也就是说，操作系统和浏览器的重要性固然存在，但是经济价值逐渐丧失。

本书未触及人工智能和视频压缩等算法，在云端计算平台上，系统的聪明程度取决于算法，而实现算法的手段不限于软件。

本书也未触及具体应用技术，当然，在体系创新之下，云时代应用将迎来新一轮的蓬勃发展。为我们每个人带来新的应用服务、新的商业模式以及新的生活方式。

本书最大的期望是为云时代计算机和互联网整合最有力的资源，推动全球 IT 经济。并且，说服计算机、电信、有线电视、互联网和移动通信行业的决策者和专家们，站在终极目标的高度，不难发现过去许多年视为至宝的技术，其实是云时代 IT 经济发展的绊脚石。积极推进信息中枢和大一统互联网，不仅能从根本上解决当前的难题，同时也可以以不可思议的简单和低成本，大幅度超越传统和远景规划中的全部服务能力。

对于有志在云时代计算机和互联网平台开展各类应用的工程师们，通过阅读本书，了解未来平台的架构和原理，有助于激发创新灵感。

本书向 IT 业内人士提供一个了解行业发展的新视角，对于打破僵化思维，呼吸新鲜空气大有好处。我们应当学会不盲从众人的观点，学会质疑流行的看法和权威人士的意见，以事实为依据，以历史为鉴，严谨逻辑推理，形成自己的结论。

当然，本书也适合大专院校教科书或课外阅读，对于培养学生多视角观察和独立思考的能力均有利。

读者若有建议和见解，不吝赐教，欢迎来函：infoage@163.com。

目 录

CONTENTS

第1章

论道云计算

本章通过不同历史事件，不同领域和不同国情的比喻和分析，推算云计算的发展脉络。

本书所述的云计算与个人电脑是两个不同的体系，有些名称定义赋予了新的内涵，例如："数据"、"信息"、"知识"、"神经网络"和"宽带网络"等。另外，本书中"云计算"和"云端计算"代表了不同的概念。前者表示一种新的计算机系统模式；后者表示云中的设备技术，不包括用户终端。读者在阅读本书时，请不要局限于传统个人电脑的思维模式。

1.1 冷眼看云计算

PC 时代已经过去了，我们迎来了云计算。

展望云时代，我们可以看到 3 个发展阶段：

1. 云计算的初级阶段：物理集中

信息和内容集中存储，远程随处查询，方便用户，提高效率，省电省钱省人工，还包括非人际的物联网。这一阶段的云计算主要体现在物理集中。

2. 云计算的中级阶段：化学反应

建设社会信息中枢，通过深度加工和挖掘，提升信息价值，解决大规模社会问题。这一阶段必然发生云计算的化学反应，有效改变"数据泛滥而知识贫乏"的局面。也就是说，把数据变成信息，再把信息变成知识，最后落实到辅助决策。

3. 云计算的高级阶段：基因突变

超越信息范畴，原始数据变性成为实时多媒体内容深度加工，包括人工智能为主的各类应用，例如：高度逼真的网络游戏、虚拟现实、自动驾驶等。手持或贴身设备能够在嘈杂环境中，用自然语言与主人沟通。机器人不仅能识别人脸，还要解读表情，听懂、看懂人类的表达方式，甚至，理解主人的意图。这一阶段源自于云计算的基因突变，或者说，从信息处理跨越到多媒体智能解读。

事实上，云计算必然破坏 PC 时代的平衡，带来终端和云端设备两极分化。引用电力系统为例，云端计算和终端设计好比是电力系统和家用电器的关系。发电厂只管供电，不必关心家用电器的设计。也就是说，建设什么样的云端，和设计什么样的终端，是两个独立问题。

在终端，瘦客户机和 SoC 系统芯片导致竞争门槛下降，另外，无线技术导致设备随身携带，如同衣服和提包，原先终端机器的基本功能已经不再重要，时尚设计、用户界面以及丰富便捷的附加服务将演变成主导元素。

在云端，仿生学告诉我们，如果造物主设计电脑，不会严格区分硬件和软件。实际上，当前的计算机架构是冯·诺依曼的一种设计[1]。或者说，个人电脑的流行结构，但并不是人类智能机器的唯一设计，在云时代，甚至不是最佳设计。未来云端强大的运算力资源必将突破传统诺依曼架构的限制。

回顾历史，有助于进一步展望未来的云时代，我们还可以看到云计算的市场和技术特征：

1. 云端计算的市场：非传统应用

历史证明，颠覆性先进技术是把双刃剑，在大规模改善传统应用的同时，如果没有推出更高层次的新应用，必将严重挫伤传统产业。当然，云计算也不例外。

上世纪末，确切地讲 1995 年，回溯 100 多年，长途电话很贵，生活中离不开，这项极其赚钱的服务造就了世界第一大公司 AT&T。然而，IP 电话出现在市场上的时候，大家都觉得机会来了。回顾当年，人们对 IP 电话的追捧程度，超过今天的云计算。但是，出乎意料，IP 电话导致电话费下降的速度，远超过消费者使用电话量的增长。很快通话总量趋于饱和，而 IP 电话费继续下跌。整个产业总收入急剧萎缩，拖累纳斯达克（NASDAQ）股票崩溃，至今难以恢复，许多超级明星公司破产。这一切发生在 IP 电话问世短短 5 年之内。结果是，长途电话平民化，但是，100 多年历史的 AT&T 经营困难，被地方电话公司收购，整个长途电话市场边缘化。当时，业界流行一句话：“电话公司采用 IP 电话是自杀，不用 IP 电话就被他杀”。对于本地电话公司来说，幸好有互联网和移动通信业务填补空白，免于灭顶之灾。

如今 IT 部门已经成为企业经营中不可或缺的部分，但是，对于绝大部分企业来说，同质化的 IT 部门不能带来竞争优势，反而成为一大负担。值得注意，云计算与IP电话有异曲同工之处。如同消费者用上IP电话，企业用上云服务，精简内部IT部门，经营成本大幅下降。一旦云计算超过成熟期，企业IT部门必然大规模迁徙到云平台。由此推测，云计算将导致传统PC、服务器、和企业软件产业需求严重萎缩。因此，从产业角度，今天的手持终端市场已经过于拥挤，还必须寻找暴增的新需求填补传统产业大洞，这就是云端服务和网络基础。

2. 云端计算的技术：非传统诺依曼体系

今天，微软、谷歌、苹果的竞争焦点在于用户终端，相当于电力时代的家用电器。

但是，对应电力时代的发电厂技术，即云端计算技术的大方向尚不明朗。实际上，在个人电脑时代的技术道路上多跑几步意义不大。问题是，什么技术配得上暴增的新需求？

今天，整个计算机工业都建立在一个假设之上：云端计算是传统个人电脑技术的延伸。

本书认为，这个假设错了。不要忘记，用爱迪生的发电机，不可能建设大规模发电厂。发电厂不论用什么技术（火电、水电、核电），绝对不会是直流发电机和小锅炉的堆积。翻开历史，我们看到在迈向大型发电厂的道路上，初期几乎所有人都不相信特斯拉的交流电，其中，爱迪生是最强大的反对派和阻力。为了诋毁交流电，他精心策划了闹市演示，公开电死大象和死刑犯。但历史的选择是，爱迪生完败于特斯拉。

今天，大部分计算机精英都在向同一个目标努力：建设超强和复杂计算机的硬件和软件，实际上，就是在传统个人电脑架构上添砖加瓦，好比是努力建造通天的巴比伦塔。

本书认为，这个目标错了。我们看到，国际IT巨头们的数据中心，用集装箱装载数以百计的高性能服务器，堆满多个足球场，显然，如此庞大系统还要消耗巨量电力。实际上，他们都局限在传统体制下：求助于更强的硬件（CPU堆积和服务器集群）、更强的软件（并行、分布和虚拟计算）、更高薪的工程师（越来越难以驾驭的复杂软硬件）以及更严格的管理（CMMI认证，试图应付越来越难以控制的出错机会）。但是，这条进化路线投入和产出不成比例，系统越大效率越低，导致软件可维护性、可靠性和安全性严重隐患，必然成为云端计算的发展瓶颈。当今世界，有太多人擅长把简单的问题复杂化，却不懂如何使看似复杂的问题回归简单。不要忘记，自然进化的规律是系统整体能量最小化，也就是说，越来越高效，而不是建设越来越复杂的超级细胞。我们的目标应该是：确保芯片资源到应用的距离最小化，用简单的方法完成复杂的任务，当然，这个方法不限于传统计算机。

1.2 展望云计算的高级阶段

1.2.1 2种思维模式

探索云计算高级阶段的发展方向有2种思维模式：

1. 市场导向

站在当前业务的基础上，观察周边细节，推测未来可能的方向，即所谓市场导向，或者增量导向。我们知道，市场导向能够帮助改善已有的系统，将一件粗糙的产品打磨光滑，但是，不能突破传统框架的束缚。马车时代的市场研究能够帮助设计更好的马车，但是，永远不会得出汽车的构想。在大方向上，市场导向带有很大的盲目性。

2. 目标导向

抛开传统的束缚，自由畅想未来图景，瞄准终极目标，反思实现终极目标的方法。也就是说，用未来的终极目标引导今天的行为，犹如大海航行中的北斗星和指南针。事实证明，这种方法是颠覆性创新技术的摇篮。云计算是国家经济战略的重要组成部分，创新是争取战略主动的最有力武器。

假设我们已经进入云计算高级阶段，意味着我们已经建立起完整的云端计算机体系，具体表现在新体系能够有效化解当前的软件危机，避免使用当前高能耗的超级数据中心，另一方面，通过拧干传统信息技术的低效率水分，掌握富裕的基础资源：运算能力、存储能力和通信带宽。

什么是云时代信息产业的终极目标？

1.2.2 3大终极目标

抛开传统的束缚，我们将看到云时代信息产业的3大终极目标：

1. 锁定需求的海洋

在资源丰盛前提下，信息产业的首要任务是寻找需求的海洋。云计算高级阶段的目标主要是实现人工智能为基础的各类应用，例如：人机自然界面、虚拟现实、智能识别、自动驾驶、高度逼真的网络游戏、数据挖掘和辅助决策等。实现上述使命的工具不限于传统计算机。与传统数据处理应用相比，智能应用的性能比功能更加重要，因此，实现方法千变万化，难以预测。未来电脑世界还有太多的未解之谜，我们需要不断发明新的算法，而不是纠缠于复杂的软件系统。进入云时代，传统软件只是实现算法的手段之一，而且，不是最重要的手段。

本书第3和第4章进一步描述云端技术将突破传统诺依曼体系，排除当前计算机技术的软件和硬件瓶颈，开创新一代云存储和云计算架构。

2. 夯实网络基础

值得注意，实时多媒体内容深度加工，离不开实时高品质网络通路。云计算高级阶段的充分必要条件就是云端运算力和大一统网络，其核心指标是实时性和品质保证。然而，当前互联网有两个无法治愈的遗传病：缺乏实时通信能力，以及混乱的网络秩序。我相信，如果造物主设计网络，绝对不会容忍如此弊端。

今天，高清摄像机已经走进普通消费者家庭，甚至普通人的口袋，市场上已经难觅非高清的电视机，从互联网能够下载高清电影，通过Skype能够使用低品质视频通信。但是，互联网能够提供高清电影品质的实时视频通信服务吗？并且，满足普通消费者的广泛使用。有人说将来可以，因为，互联网每天在进步。大部分网络专家们认为，只要沿着文件网络的路一直走，不断扩充带宽和使用聪明的算法，就会到达实时流媒体的彼岸。实际上，正是由于这些不断出现小进步，给人们造成一种海市蜃楼般的幻觉，导致在错误的道路上欲罢不能。

由于通信网络是云时代的基础设施，直接决定了云时代服务能力的高度。如果网络基础不稳固，云计算只能停留在简单的信息服务层面，必然导致产业发展低迷，这就是当前信息产业面临的困境。因此，只有先稳固网络基础，才能培育出人类想象力所及的网络应用。自从电报发明以来，通信网络结构发生多次重大变动。

本书第5章将花较多篇幅重点论述，尘埃落定之后，未来网络世界将变得清澈而单纯，人类终极网络必定收敛于一个简单的实时流媒体通信网。必须强调，终极网络不是遥远的事，而是进入云时代的先决条件。

3. 无线有线同质化

从“三屏融合”角度，我们的目标是提供有线和无线同质化服务。我们的使命是把无线网络的服务能力提高到有线网络水平，而不是把有线网络应用降格成无线水平。

实际上，问题的焦点是，如何无限扩展无线网络的带宽？

大部分无线网络专家们不理解香农理论，习惯性地以为，甚至误导消费者，沿着过去的发展道路，无线带宽就会遵照类似摩尔定律[2]的速度增长，可惜错了。著名的香农极限理论[4]明确告诉我们，依赖芯片资源堆积出的复杂算法，对带宽资源提升的效果有限。实际上，突破有线带宽资源瓶颈是光纤的发明，突破无线带宽资源瓶颈将是网络架构改变，或者说，唯一的出路是建设微基站网络。迟早要走的路不如趁早，快快停止2G/3G/4G已证明错误的宏基站演进路线。本书第6章论述了建设微基站网络的必要性、难点和解决方案。

1.3 云时代的终极网络：大一统互联网

今天，尽管多数人并不清楚云计算能提供什么服务，可已经吸引了一大批人，主要出于谷歌(Google)的明星效应。但是，市场最终接受云计算的唯一途径是实实在在的服务。

告诉用户牛肉在哪里？

云计算，或者网络电脑，是个很好的想法，为什么二十多年来好想法没有成为广泛现实？

实际上，当前云计算所涉及的每个单项业务都已经存在，实施云计算的芯片和带宽条件早已充分丰盛。本书认为，云计算患的是营养不良症，缺乏可盈利的商业模式。云计算除了提供消费者方便，必须承诺信息安全。云计算的资金投入和承担的责任都远大于搜索引擎，云计算不可能仅靠广告收益养活，也不是慈善事业。应该让消费者明白云计算的商业模式，消除顾虑，才敢放心使用。

云计算的价值不在于简单地将用户数据和软件从终端移到网络的另一端。云计算的优势在于利用网络的通达和协调能力，提供比独立PC功能上更完整、时空上更广泛、性能上更优质的服务。最重要的是，弥补传统PC和互联网的空白，提供前所未有的新服务，并具备商业价值。展望未来，以信息服务为中心的云计算应用，不论其受欢迎程度有多高，对于网络经济来说，永远只是一道开胃菜。当前，推动规模化云计算的真正瓶颈不在信息服务领域，不在新颖的计算机系统，而是整个网络的生态环境，包括网络的诚信体系。当前云计算的目标仅仅局限于全面掌管电脑信息服务。我们知道，充当信息保险箱角色与靠运气的搜索服务不同，需要更多资源并承担更大责任。因此，云计算必须同未来网络影视内容产业和实时视音交流在一个平台上实现价值互补、业务融合和资源共享。

根据一致公认的观点，过去网络电脑不成功的原因，大都归结为当时的网络设施不成熟。因此，今天有一点可以确定，网络环境还是决定云计算成败的重要因素。也就是说，为了治疗云计算的营养不良症，我们必须将努力方向移到网络建设上来。只有完善通信网络环境，才能避免当年网络电脑的失败，为云计算提供可持续发展的空间和现金流。形象地说，云计算是缠绕在树干上的藤蔓，只有等大一统互联网这棵大树形成规模以后，才能谈得上云计算这些藤蔓的发展空间。

大部分人以为,用户体验取决于终端和内容,但是,不要忘记中间还有一个网络。苹果、谷歌和微软激烈竞争的焦点是终端产品,包括硬件、软件和时尚要素。

实际上,网络决定可传递内容,二流终端加一流网络,能够轻易战胜一流终端加二流网络。尤其当前竞争焦点即将移到电视领域,高品质视频网络的主导地位日益凸显。想当初,上述三家公司都是从零开始,在公司初创时期,网络是遥不可及的目标。但今天,三家公司都是IT行业巨头,已经有足够力量左右和主导网络发展。因此,占据网络制高点将比时尚的终端更重要,是决定竞争胜负的关键,甚至,像AT&T那样称霸一百多年。

当前的互联网有两大不可治愈的遗传病:缺乏实时视讯能力,混乱的网络秩序。显然,不能承受云时代的丰富多彩的服务和内容。因此,云时代提供了创新网络基础的机会。

什么是大一统互联网?

答案:就是全球一张网,覆盖全部用户和全部服务,或者称,终极网络。

纵观过去、现在和未来,网络内容不外乎以下4部分(信息、通信、媒体、娱乐):

1. 信息服务内容(传统信息服务和物联网,微量计算)

信息服务通常以提高生产力为目标,包括企业管理、远程桌面、电子商务、电子邮件、搜索引擎、个人资料和照片分享以及物联网应用等,这些内容以非视频为主。其数据量仅占据平台总量中极小的一部分,好比是人体内的维生素,尽管重要,但是微量,几乎可以忽略不计,因此,称为"微量内容"。在云时代,这些内容通常存储在信息库。

2. 人际通信内容(单纯的数据传输,无需计算)

事实上,只要有少数人使用视频通信,网络内容就以视频为主。由于视频通信属于未经加工的"生内容",依据"带宽按需随点"原理建立的大一统互联网已经完美地满足透明传递通信内容。网络人际交流自然包括远程呼叫服务中心,甚至包括远程外科微创手术等。

3. 影视媒体和个人视频存储内容(超级云存储)

主要是由编导人员或消费者自己,事先制作好的内容,或者说,单方面预先加工的"熟内容"。依据"存储按需租用"的大一统互联网公共存储能力,足以应付此类内容。实际上,在充分带宽保障的前提下,网络存储资源的市场需求将扩大万倍以上。

4. 人-机-人的互动内容(超级云计算)

互动内容也称为"活内容",同样以视频为主,如网络游戏画面品质达到好莱坞电影水平、实时视频模式识别、家用机器人、虚拟商场等，都需要处理大规模互动视讯内容。大一统互联网进一步提出“智能按需定制”的概念。

实际上，互动视频活内容的本质是以娱乐和体验为主。

如图1-1所示，从资源贫乏时代，经过一个短暂的过渡期，进入资源丰盛时代，并且，不会回头。显而易见，不论什么内容(生内容、熟内容和活内容)，对于网络的要求是一样的，或者说，通信网络平台没有变，需求趋于饱和，结构趋于固化。如同公路上可以跑各种车，但是，路不会变，这就是“终极网络”的概念。

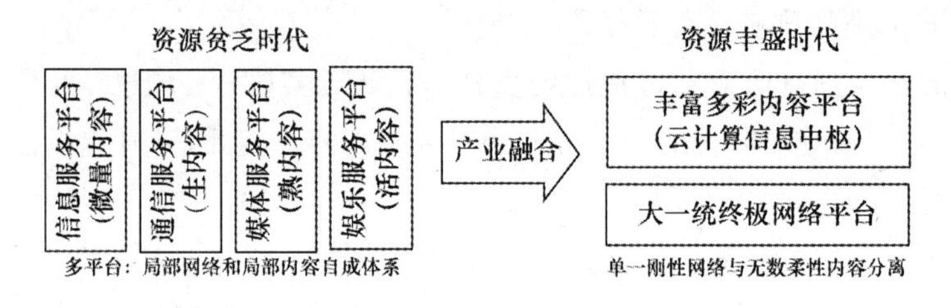

图1-1　云时代产业融合导致终极网络平台

今天，人们难以接受终极网络理论，认为事物总是会不断发展的。其实，产生这种错觉的原因在于看不清网络和电脑的差异，将原本简单的网络问题想象为复杂的电脑业务。今天，人工智能还处于启蒙阶段，未来发展难以预测，但是，那是电脑的任务，与通信网络毫无关系。很明显，阻碍网络实现终极目标的根本原因，就是人为混淆了网络与电脑的分工。把原本简单的通信网络功能无知地想象成尚处于幼稚期的电脑算法。

“终极网络”的概念看起来不可思议，其实很容易解释。终极目标指的是不会再有本质的变化，但不排除非本质的改进。例如，车轮是地面交通工具的终极目标，自从圆形车轮发明以后，再没有本质的变化。实际上，通信网络的透明管道就等效于地面交通的圆形车轮。我们平常把重复发明轮子斥之为荒唐，或者说多此一举，实际上，这更加证明了第一次发明车轮是何等伟大。车轮是相对于人背马驮的进步，因为车轮保持负重与地面距离不变，省力和舒适。当然，带一件小东西不必用车，而且，行车必须有路。终极网络理论第一次系统地提出，透明管道是相对于IP互联网复杂机制的进步，透明管道的原理是“简单为真”，即保持内容不失真，省去许多中间处理，保证传输品质。当然，传递一个小文件不值得用透明管道，而且，透明管道以丰富的带宽为前提。透明的大一统网络建设其实与自来水管一样简单。

我们的结论是，如同发展经济先修路，只有先稳固网络基础，达到透明的极限状态，才能脚踏实地发展不断变化的内容产业，提供人类想象力所及的任意网络服务。由此可见,只有实现“终极网络”,关上“网络平台”这扇窗,才能充分打开“内容平台”这扇门。

1.4 从PC时代的数据库,过渡到云时代的信息中枢

近年来,业界普遍意识到数据挖掘技术是对未来人类产生重大影响的新兴技术之一。由于计算机和数据库的广泛应用,日益膨胀的数据量导致了“数据丰富而信息贫乏”的现象,数据挖掘技术以一种全新的概念,改变人类利用数据的方式,可望开发出大容量数据的利用价值。但是,现阶段数据挖掘技术面临许多“鸿沟”,主要是:应付多源异构数据和数据库、应付海量数据的效率和运算力、应付数据规格化和大规模协同作业、挖掘结果的可用性和表达能力以及数据安全和隐私等。这些鸿沟制约了数据挖掘的广泛应用。本书就是在这样的背景条件下,提出了一套切实可行的信息中枢整体解决方案。

在个人电脑时代,我们发明一种工具,称为数据库软件,用于完成数据处理任务,使得不懂计算机的人也可以完成数据采集和查询。过去30年来,互联网上的应用网站基本上沿用客户端/服务器(C/S)的数据库操作模式。数据库的内容以数据和文字为主,仅仅从存储器中查询历史记录,目标是获取信息。对所有用户统一编排,封闭式操作。随着网站规模扩大,常见的方法是,用高性能服务器集群取代单一电脑,即硬件解构,继续保留单一的数据库应用软件。这一模式成功运作了30年。实际上,当前不论哪家数据库软件,其核心无非是三要素“建表”、“建索引”和“建关联”。本书认为,数据库软件不是目的,只是手段。数据库把用户功能限制在一套软件中,该软件又把用户规模限制在一套计算机硬件中。当用户需求的功能和规模猛增,就引发了复杂的软件和硬件结构,成为发展瓶颈。本书从结构上打破这种软硬件限制,用信息中枢取代传统数据库软件,让开发者直接面对原始信息,在不增加软硬件复杂度的前提下,无限扩展信息中枢的功能和规模。

1. 为什么要解构传统数据库?

多媒体内容是最大的不确定因素,潜在的数据量造成难以预测的压力,必然限制和拖累数据库的发展。另外,同样的多媒体内容,可能解读出不同的信息。因此,只有通过特殊算法,将多媒体内容提炼成精简信息后,才能参与信息深度挖掘,以及数据可视化。只有提升信息价值,才能高效解决大多数人的共同问题,即社会有序化问题。由此可见,精简信息是确保大规模信息中枢限制在可控范围,并且方便使用的必要手段。

数据挖掘是一项多学科交叉的领域，但是，业界对数据挖掘的定位不清，导致研究人员难以聚焦。实际上，原因在于对数据、信息和知识的基本概念模糊不清。本书认为，数据(data)是传输和存储的载体(包括记录)，数据的承载对象是信息和多媒体内容。其中信息属于知性内容；多媒体主要带来舒适的感受，属于感性内容，当然，可以包含知性成分。只有信息(information)，或者说知性内容，才是知识的载体(有意义的消息)。从信息发现角度看，感性内容属于冗余数据，应该事先滤除。实际上，信息本身只是描述事实(或现象)，只有把许多信息联系起来，形成一个模型，才能提升到知识(knowledge)境界，用于指导人类活动。

2. 如何解构传统数据库？

就是从数据库中剥离多媒体内容。本书认为，数据挖掘实际上包含两个过程：首先，从数据中发现信息；然后，从信息中发现知识。但是，当前的数据仓库和数据挖掘基本上都是从传统数据库发展而来，因此，大部分关于数据挖掘的著作，都把这两个过程混为一谈，导致许多研究工作迷失方向。

关于从信息中发现知识的过程，相对有章可循，经过数十年努力，目前已经具备较完整的数学模型和方法，至少已经有了比较明确的研究方向，大部分数据挖掘的著作中都有类似的描述。关于从数据中发现信息的过程，取决于数据的类型。实际上，每一种数据类型都是一门独立的学问，其中，传统数据库所处理的“结构化”数据已经成熟。但是，除此之外，例如：从文本、网站和多媒体内容中提取信息，还远未成熟。尤其是面对视频内容，如何提取有效信息尚属起步阶段，连发展方向都不清楚。这些领域其实与信息库无关。这项任务可以分配给专门的算法引擎，甚至可用人工辅助实现。也就是说，将不同算法引擎提炼后的信息，统一充实到已有的运行中的信息库。有效应对理论研究与实际应用之间的时间差。在数据仓库和数据挖掘领域，还面临数据规格化和大规模协同作业的难题。我们知道，传统数据库不具备普遍性，即便使用同一家公司的数据库软件和SQL语言，但是，变量定义只在特定的数据库中有效。也就是说，只有数据库的原始开发人员，才能充分使用该数据库的内容。

本书提出信息中枢概念，首先把传统数据库解构为信息库、多媒体内容库、代码字典和用户操作模块。消除信息库中的冗余信息，然后，通过开放的跨平台数据结构和神经网络系统整合传统数据库、数据仓库和数据挖掘的全部功能。最终，完成大规模协同作业的信息中枢。本书所述的信息中枢，只要一本代码字典、一份埋藏信息的地图和统一的神经元传导协议，任何人用任何工具，包括软件或可编程硬件，只要在局部授权的前提下，可以使用信息中枢指定范围内的信息，开发任意应用业务，包括信息挖掘和辅助决策。

3. 为什么要建设信息中枢

随着社会信息化深入，伴随两大矛盾：信息集中与分散，信息开放与安全。从人类社会进步角度，信息资源应该集中，打破地区和行业壁垒，避免各自为政，同时面向两大类人群：① 水平管理，以信息写入或更改维护为主；② 垂直使用，以信息查询和支持决策为主。但是，信息集中可能会受到传统势力和现行管理体系的阻力，好在信息极易复制，可以化解大部分不利因素。

同样从人类社会进步角度，信息资源应该开放，为每一个公民服务，实现信息价值最大化。然而，过度防范导致使用价值受损，过度开放危及信息安全。在现实社会中，不可控的开放必然导致滥用，因此，开放必须有度。我们不能因为担心信息安全而因噎废食。理想情况是，该开放的就开放，该封闭的就封闭，对于不同对象有不同的开放程度。每次接触信息都留下记录，并且随时设定每个人和每台设备的操作权限。但是，如此精确可控信息资源的最大障碍是当前无数个疏于管理的数据库和混乱的网络秩序，或者说，脆弱的安全体系。

本书提出，化解上述两大矛盾的有效途径是建设社会信息中枢。如前所述，信息中枢首先分离多媒体内容，然后通过压缩冗余数据，提取有效裸信息，最后建立精简并无限扩展的信息库。实际上，信息库就是原始信息本体，建立信息库对应了传统数据库的第一要素“建表”过程。信息中枢的信息库包含很多子库，例如个人身份信息库、社团法人（企业）信息库、客户资源信息库、电子商务网店信息库等，这些信息库分散在许多独立的神经元中。传统数据库的第二要素“建索引”就是定义信息存放地址，信息中枢跨介质数据结构对应了建索引过程，这种数据结构隐含在所有神经元中。传统数据库的第三要素“建关联”，实际上就是如何使用信息的题目，这是一个千变万化的过程，决定了整个系统的价值。信息中枢将此功能交给独立神经元完成，不同神经元执行不同的关联。实际上，分工细化有利于提高信息价值，这是社会信息化的象征和必然趋势。

随着信息中枢应用积累，常用的关联都可在已有的神经元找到。信息中枢永远向符合条件的用户开放自定义的神经元，执行包括数据仓库和数据挖掘在内，任意可想象的信息加工任务。另外，信息中枢允许任意多开发团队，同时开发不同的信息加工任务，并且面向无限量的用户群。值得指出，对于无限扩展的信息中枢，每个神经元的复杂度可以维持不变，可以自由定义任意新结构。也就是说，消除了软件和硬件的发展瓶颈。最后，本书提出的信息中枢具备免疫和自愈能力，杜绝病毒黑客攻击。信息中枢像生物体那样生长和新陈代谢，或者说，能够在系统运行过程中，定义不断变化的新任务，完成升级和扩容。

如上所述，信息中枢的用户操作模块主要面向四大类远程用户群：按功能分为信息采集者和信息使用者，按介入深度分为低级用户和高级用户，所述的信息采集者泛指人工信息登录，或自动信息抓取，包括第三方数据库吸纳、媒体内容搜索、多媒体内容识别。所述的信息使用者泛指通过链接、挖掘、推理等手段，从信息中提炼知识，进一步指导决策。信息使用者还泛指多媒体内容点播，包括电子商务、电子教育、娱乐性内容消费。所述的低级用户泛指常用服务套餐的用户；所述的高级用户泛指开发定制功能的用户。当然，所述的每大类用户群还可以进一步细分具体功能。实际上，信息中枢包含并超越传统数据库、数据仓库和数据挖掘的全部功能。

4. 如何建设信息中枢

从数据库过渡到信息中枢，或者说，从知性的信息服务过渡到感性的全方位网络体验，主要实现多方位拓展。

(1) 内容拓展。过去二十多年来，数据库的内容以数据和文字为主。信息中枢保留原有的数据和文字，把主要着眼点拓展到视、音、图等非文字领域，由此势必引起传统数据库的变革。

主要差别表现在，原有的存储器容量将扩大千万倍，原有的搜索手段已不能有效地获取所需信息。因此，必须创立全新搜索体系，包括建立标准分类码、自定义关键词、独立于元媒体的索引表等。

(2) 时间拓展。过去二十多年来，数据库的工作模式仅仅是从存储器中查询历史记录。信息中枢将查询内容拓展到同步信息源，如传感器、面对面影视信息、现场直播等领域。

(3) 能力拓展。过去二十多年来，数据库的目标是获取信息。信息中枢将此目标拓展到获取服务，包括模式识别、机器翻译、计算力、存储空间、视音频资料共享等领域。

将一组游戏机放在网络服务中心，面向一个用户群提供共享的游戏点播服务，将大大降低用户游戏机硬件成本，防止软件盗版，减少消费者购买游戏软件的投资，形成硬件、软件和消费者三赢局面。

同理可推广至家用人工智能领域。例如：一位学者可以发明某项特殊算法，并将执行此功能的设备托管在网络服务中心，索尼(Sony)生产的家用机器人或电子宠物可以将原始数据上传至服务中心，按需调用各类算法，然后下载结果。这样一来，一个很便宜的低功耗装置就能变得无限“聪明”，只要适当支付一点“聪明费”即可。

提供服务的手段可以用电脑，也可以用人脑。例如，通过合理有效地调配人工资源，实现人工辅助、同声翻译、网络律师、网络秘书、面对面认证等更具人性化的服务，以补偿电脑能力的不足。

(4) 目标拓展。过去二十多年来，数据库内容对所有用户统一编排。信息中枢将个人信息与普通内容有机结合，为不同用户群，甚至单个用户提供个性化目录和服务。

(5) 经营拓展。过去二十多年来，数据库大多是封闭式操作，作为面向内部不收费的资料查询系统，不能有效地管理面向社会的超大型广义网络数据库。

信息中枢提供一种全方位协同作业环境，允许任意多远程联网团队，同时开发不同的信息加工任务，并且面向无限量用户群。这些独立开发任务横跨多个不相关领域，很难由少数几个团队完成，例如：不同信息链接和挖掘需求，分析解读不同类型多媒体内容，对应不同聪明程度的各种人工智能算法等。

信息中枢创立了以大一统网络为基础的资源共享体系，创立了多个经营角色之间(供应商、零售商、运营商)的界面，创立了各自独立的收费系统，创立了具备良性循环，可持续发展的开放性商业模式。

1.5　迈向统一云的过程：信息黑洞效应

从数据库过渡到信息中枢，最后迈向统一云，这个过程可以描述为信息黑洞效应。IBM 创始人老沃森(Thomas Watson)曾经断言“世界市场对计算机的需求大约只有 5 部”。后来，这个断言成了一句笑话。进入云计算时代，情况发生逆转。当消费者群体巨大时，其需求会出现很大的趋同性，也就是说，消费者数量必定远大于需求的种类。由于网络普及，促进资源按价值最大化方向重新排列，因此，云计算理念将回归老沃森的灵魂。

苹果乔布斯认为，iCloud 让消费者在任何地方，所有设备 iPod、iMac、iPhone、iPad、iTV 等，全部整合成一体，带来极大方便。把用户服务集中起来处理，必然带来效率的提高，而且，从长远看还能够降低成本，方便扩容。因此，导致云计算初级阶段的动力主要来源于集中所带来的使用方便和效率。实际上，云计算的灵魂就是集中。

显然，乔布斯只是从一家公司角度，通过云计算整合全部产品。微软、谷歌、IBM、亚马逊等都有自己独特的云计算策略，因此，必然形成许多云。例如按经营模式分类，包括私有云、社区云、公共云、混合云等。另一方面，在云计算的初级阶段，物理集中还表现在不同的层次结构上，例如软件服务（software-as-a-service，SaaS）、平台即服务（platform-as-a-service，PaaS）和基础设施服务（infrastructure-as-a-service，IaaS）等。

在云计算的初级阶段，随着物理集中的加剧，上述多种云计算的分界逐渐模糊，互相融合，必然导致化学式反应。也就是说，通过数据挖掘，信息变成知识，价值提升，引发进一步集中的向心力。

进入云计算的中级阶段，云计算优势主要来源于对信息的深度加工和挖掘，解决大规模社会问题。集中导致信息价值提升，向心力增强，形成正向反馈机制，赢家通吃，这就是所谓的信息黑洞效应。不断强化的新增向心力导致许多小云合并成大云，形成社会信息中枢。

实际上，所谓的信息中枢就是极大地扩展信息服务的广度（数据集中）和深度（数据挖掘），但是，本质上还停留在信息服务领域。也就是说，云计算的中级阶段主要体现在信息服务平台的深化和整合，或者称“小整合”。

进入云计算的高级阶段，我们将看到，网络世界中的“现实环境”凝聚了大量人脑的创意，日新月异地发展，并长期积累。消费者虚拟现实应用必须通过网络来传递和共享。消费者、创意发起者、管理者和公共资源通过透明的网络连接成一个整体，创造出真正的连网价值。不难看出，那时若非云计算，或者不连网，个人即便拥有超级电脑也无多大用处。

显然，在云计算的高级阶段，原先的初级和中级应用不会消失，只是从资源占用角度变得无足轻重，降格成高级应用的辅助和附带功能。也就是说，云计算的高级阶段主要体现在信息服务平台基础上，进一步整合通信平台、媒体平台和娱乐平台，或者称“大整合”。

综上分析，在网络资源充分的前提下，云计算模式导致运算和存储资源不断集中的大趋势。这种向心力已经远超过云计算初期的方便和效率，其主要来源是云计算本身的基因突变，也就是说，向心力来源于多变和长期积累的智力产品共享和发酵，包括信息、创意、影视内容、智能算法等。当然，云计算一定会面临阻力，主要包括传统既得利益者和群体文化差异。

展望未来，动力（向心力）和阻力博弈的总趋势是，动力逐渐增强，阻力逐步减弱，导致多个大云合并成超大云。尽管经济和技术优势明显，从超大云迈向统一云仍可能是一个漫长过程，各国家和民族的不同利益也可能成为跨国云甚至世界云的障碍。

1.6　社会效应：信息化促进社会公平和诚信

什么是信息化社会？

一般人认为各级政府机构和企业各自建一个网站，俗称“触网”，带来前所未有的方便和高效率。其实，这仅仅是初级阶段。

本书认为，信息化真实含义是通过信息挖掘和提炼，转变成有用的知识，解决实际问题，提高社会有序化程度，推动人类社会发展。

我们的目标是，用神经网络和广义数据库的云计算信息中枢平台，理顺当前已有的分散和杂乱无章的信息，挖掘和提炼潜藏的社会问题。配合国家税务系统，自动跟踪和链接企业资金流向，促进纳税公平，杜绝洗钱。自动跟踪和链接企业原料和产品物资流向，结合人工检验，自动排查潜在的违规，促进食品和药品安全。自动跟踪和链接食品和药品的销售渠道，包括每一张超市收银条和每一张医生处方单，在信息大集中的前提下，杜绝假冒伪劣产品的流通。自动跟踪和链接大件商品和产权流向，使任何公民来历不明的财产无所遁形。

我国有许多法律条文难以执行，其实与信息化能力低下相关。显然，没有合适的技术手段作保障，规章制度缺乏可操作性。我国人口众多，地区差异大，社会公平更加依赖信息管理，建立公平制度（游戏规则），包括纳税与福利。云计算信息中枢能够促进社会公平正义，提升社会诚信度，巩固法治，扶正祛邪，成为国家长期稳定和发展的重要支柱。

在美国，普遍使用个人支票和信用卡，很少有现金交易。每个公民拥有多少财产，国税部门有详细信息，并据此征收遗产税。法院有权调阅这些个人资料，诸如离婚和债务之类的民事案件，当事人很难隐匿财产。“911”之后，美国政府机构进行了大规模改革，成立了跨部门的国土安全部。实际上，改革的主轴就是打通各部门壁垒，信息共享，汇总和分析来自多部门的情报，包括监听私人通信。此后，尽管世界各地多次遭受恐怖袭击，美国本土相对平安。实践证明，信息链接和挖掘是强有力的武器，而且成本极低。

我们知道，公安部门处理一桩刑事案件，需要排查无数细节，还要有经验的侦探分析和案情梳理。但是，如果同时处理混合数以万计的案件，绝非人力所为，尤其是危害公共安全的隐性事件，以及高智商的经济犯罪，往往缺乏直接受害者报案。通过媒体揭露社会不公，只能看到冰山一角。实际上，信息的价值在于链接，链接的前提是基本封闭的信息疆界；链接的效率，取决于信息相对完整，去除冗余。可见高效定向链接，相当于有经验的案情梳理，从无数杂乱无章的孤立碎片中找出疑点，填补缺损的片段，还原事件的来龙去脉。

社会信息化深入，信息过度防范导致使用价值受损，过度开放危及信息安全，因此，开放必须有度。该开放的就开放，该封闭的就封闭，对于不同对象有不同的开放程度。在实现信息价值最大化的同时，必须认识到信息滥用的危害也相应加大。尤其是人们对个人隐私曝光的恐惧，这种恐惧主要来源于信息管理不善和滥用。其实，个人隐私主要是客观存在的事实，隐去人名特征，无非是一些琐事而已。问题是，当前大量的个人信息存放在无数个疏于管理的简易数据库，这是个人信息泄露，甚至进入黑市买卖的主因。如果排除传统数据库这个信息漏洞，杜绝业务操作员接触客户信息，取而代之的是少数几个严格监管的信息中枢，杜绝带特征的信息批量输出，个人信息能够像银行存款一样安全，恐惧自然消失。另一方面，如果司法机关决定对某人立案侦查，那么在司法范围内，此人无隐私可言。因此，保护个人隐私的途径不是毁灭信息，而是严格管理，斩断非法介入渠道。

美国已将云计算提高到国家战略高度。2011 年，美国政府发布《联邦云计算战略》白皮书，强调了云计算将重新定义信息产业，并以服务为中心，指导各部门向云平台迁移。通过云计算技术，我们可以借鉴美国国土安全部架构，有望建立更高效率的社会信息中枢。但是，以我国的国情和人口规模，在可预见的将来，没有现成的产品或系统解决方案。

本书描述的云计算系统的主要设计思路是通过解构传统数据库、软件硬化和本能神经网络等手段，巨量提升云计算中心信息处理能力，同时实现大规模协同作业和本质信息安全，进入高等级信息化社会。社会信息中枢的安全体系包括目标和手段两部分：目标是精细可控的信息开放程度；手段是从结构上确保上述目标的严格执行。也就是说，本系统能够实现精确收放自如的信息开放，信息安全体系可达到银行金库水平。

第2章

再论资源、需求和工具

技术是一种“工具”，讨论任何技术的理论和实践不能脱离“资源”和“需求”的大环境。

在丰富“资源”的前提下，人类的“需求”转向于满足感官体验，同时必然伴随颠覆性变革“工具”的出现。这一理论是指导本书余下章节的纲领，只有登高，才能望远。

2.1 解读美国信息化历史，推测发展路线图

在数百年历史的大跨度下，信息产业的来龙和去脉变得清晰可见。

今天人们关于社会信息化的认知大都起始于互联网，但是，Chandler 为我们展开了一部历史长卷。详见 *A Nation Transformed by Information*[5]。原来，美国人已经为进入信息时代准备了 300 多年，确切地说，立国之前新大陆的移民先驱们，已经充分表现出美国文化对信息的痴迷。实际上，这是工业文明与广袤原始土地碰撞的结果。

回顾 1828 年美国完成邮政网络建设，1844 年建立第一条电报线路，1876 年贝尔取得电话技术专利的历史故事，清楚地勾勒出以邮政、电报和电话（postal telegraph and telephone，PTT）为核心的通信平台。

1792 年邮政法颁布以来，美国国会不顾邮局连续数十年的亏损，通过长期邮政补贴，不遗余力地推动报纸的发行与流通。1919 年开创无线电广播，1930 年收音机已经普及到美国家庭。到了 1947 年，广播电视正式开张。我们看到，以报纸、声音和电视广播为核心的大众媒体平台已经成形。

另外，再看早期商业信息处理技术的发展，从1890年美国人口普查中大获成功的穿孔卡片制表机，以及打字机、收款机、复写纸、油印机以及机械加法器等。1946年，数字计算机出现，1976年，个人电脑问世。显然，这是一个完整的信息服务平台。事实上，前述传统的通信、大众媒体和信息服务是3个完全独立的平台。

当历史车轮行进到20世纪最后十年，电子产业开始走向融合。1995年，美国人已经明白，互联网的影响将比PC更大，所有信息都可以通过互联网融合到一起。互联网已经将触角伸到了通信和媒体领域，这项新的融合将带来前所未有的社会推动力。

接下来的故事不再需要讲述历史，今天，互联网已经渗透到人们生活的各个方面。很可惜，Chandler没有对娱乐技术发展有足够的关注，实际上，娱乐平台（如网络游戏）也是未来网络服务的重要部分，或者称第4平台。

2006年，美国人把互联网信息集中和无处不在的环境归结为“云计算”，显然，云计算的起点主要是整合信息服务平台，因此，只能算作云计算的初级阶段。

站在历史的高度，我们不难发现，云时代的融合过程必将从下一代信息服务平台，扩展到下一代通信平台、媒体平台和娱乐平台，最终实现完美统一。也就是说，充分整合4个平台的基础上，实现人类信息和通信网络的终极目标。

在解读美国信息化和信息技术发展历史的基础上，本书主要描述云计算未来发展路线图，以及发展过程中的关键技术，包括：云端存储、云端计算、大一统互联网和无线通信。

另一方面，纵观历史，人类文化和科技都不是线性发展的，从诸子百家到音乐绘画和自然科学，都有一个启蒙至完善的过程，中间有一个短暂的“日新月异”时期。

我们注意到，信息技术的特点是容易复制，因此，历次进步的诞生到成熟期越来越短。今天我们迎来云计算日新月异的动荡期，必然孕育出非传统的理论和技术。不难预测，在不长的时间内完成向云计算高级阶段的转型。也就是说，从包含物联网在内的信息服务平台“小整合”，过渡到包括通信、媒体、娱乐感性内容在内4个平台的“大整合”。随后，将面临相当长的稳定发展期。因为，在可预见的将来，我们看不到第5个平台。显然，把握动荡期的理论和技术创新，将争取到稳定发展期的主导权。

2.2 重温 *Microcosm* 和 *Telecosm*

George Gilder两本独到见解的著作 *Microcosm*[6] 和 *Telecosm*[7][8]，揭示了从资源

贫乏进步到资源充分富裕的新环境中，信息产业市场和技术发展的新规律。

2000年，Gilder出版了新著*Telecosm*。值得注意，该书开篇第一句话就是："电脑时代过去了(The computer age is over)"，预示了个人电脑时代已经让位于网络时代。接下来十年的历史(2000—2010)，我们看到计算机行业发生的4件大事：

(1) 苹果电脑公司率先转型成功，起死回生，市值一举登顶，并且改名为苹果公司。

(2) IBM放弃并出售无利可图的个人电脑业务，完成战略转型，专注于企业服务。

(3) 新兴的互联网应用公司，如雅虎(Yahoo)、谷歌、Facebook、Twitter等，迅速蹿升。

(4) 坚守在个人电脑桌面软件领域的微软公司，桌面市场依然稳固，但市值长期不增。

其实，历史发展并没有完全依照Gilder的预测。在上述十年的起始阶段，美国IT行业发生了一次大动荡。有人说，这个动荡与Gilder的书有关。由于他提出一个影响深远的理论：在带宽丰盛时代，带宽资源将取代芯片，成为新时代的推动力。

嗅觉灵敏的华尔街投资人都把注意力集中到光通信领域。但是，他们过于相信表面的"统计数字"(带宽需求每100天翻一倍)，对长期压抑后释放的暂时"带宽饥渴"现象，缺乏理性分析和研究。后来大家不愿看到的事实是，能够生产最多带宽的设备厂商和拥有最多带宽资源的明星公司都遇到大麻烦，如AT&T、MCI WorldCom、Sprint、Qwest、Global Crossing、Level 3和Metromedia等无一幸免。在股票市场上，"互联网泡沫"导致1万亿美元市值蒸发，紧接着，"电信泡沫"再一次导致7万亿美元市值蒸发。NASDAQ指数从2000年3月5000多点的高位，经历两次泡沫破灭，到2002年10月，总共下跌78%[9]。十年过去了，新兴的互联网公司仍无力使股市指数回复到3000点。

为了探究背后的原因，让我们再次回顾Gilder 1990年出版的描述PC经济*Microcosm*书中的故事，这里包括3个元素"资源"、"需求"和"工具"。

实际上，找不到需求的资源等于没有资源。PC工业的大发展得益于资源和需求的完美匹配，与资源同步的应用，使爆炸性增长的芯片资源得到良性吸收、承载和消耗。PC时代的一个重要工具就是操作系统。其实，DOS加上CPU386已经基本满足了办公自动化的需求，微软适时地推出Windows这个新工具，以及多媒体电脑的新概念，创造出更大的芯片资源需求，促使股价一路攀升，两次将 *Microcosm* 推到新的高度。正如 PC 时代流行一句名言：“每当 *Andy*(*Grove*)制造出更快的芯片，*Bill*(*Gates*)用到一点不剩”。

2000 年，Gilder 敏锐地察觉到 PC 时代已经过去。显然，盖茨没有找到 PC 普及以后的第 3 波大量消耗芯片资源的需求，这也可能是他感到回天无力，急流勇退，辞去微软总裁的深层原因。果然，此后十年，微软股价不再风光。

读懂 *Telecosm* 的故事，同样也要理清“资源”、“需求”和“工具”三者的关系。

Gilder 已经详细描述了丰盛的带宽资源，但是，带宽的价值不在于“生产”和“拥有”，任何资源包括存储、芯片和带宽在内，只有“可有效管理”的大规模消耗才会有价值。

回到 2000 年的 *Telecosm*，如何寻找大规模消耗带宽的出路？当时 Gilder 没有说清楚。

1993—1998 年，Negroponte 在 *WIRED Coumns*[10] 连载中描述的美妙场景，以及 2009 年，Michael Miller 在 *Cloud Computing*[11] 一书中描述的全部应用，还包括今天移动互联网全部应用，以及近年来备受关注的物联网，基本上属于低端运算力和窄带网络的需求。此类需求大都属于“知性”范畴，不需要大运算力、大存储量和大带宽，因此，不足以成为推动云计算高级阶段的需求。

在可预见的将来，云计算必然改变传统计算机行业的生态环境：

(1) 瘦客户机导致终端的能力下降，意味着产能过剩。SoC 系统芯片导致竞争门槛下降，山寨版或者特供版盛行。这些情况已经成为事实，未来还将愈演愈烈。

(2) 服务器设备采购集中到少数大型云计算服务商，如同集中运作的发电厂，一般企业放弃设备采购(发电机或服务器)，转购服务。与此同时，集中服务必然带来资源共享和高效率，意味着云计算中心的服务器总量远低于以往分散在各家的独立服务器。显而易见，即便企业信息处理需求成倍增长，服务器总体市场必然面临萎缩。

当前，许多电脑企业看不懂云计算的内涵，天真地以为只要把手里的技术重新包装一下，又可以卖出去了。事实是，传统芯片和计算机行业的产能严重过剩，同时体制内不可避免地出现垄断加剧。形象化地说，就像非洲荒野中的小池塘，水源逐渐蒸发，吸引众多动物来争抢。其实大部分动物明知会渴死，只为喝上最后一口泥浆，临死前挣扎一下。但是，它们不能或不愿去寻找新水源。这里所说的临死前挣扎一下，是指那些无明确目标，天真地模仿他人的技术方案，而虚掷资源的企业。

实际上，这是当前整个计算机行业面临的一大困境，或者说，潜在困境。因此，有远见的公司纷纷部署战略转型，或者说，寻找新水源。

解读 *Microcosm* 和 *Telecosm* 中的 PC 和电信产业，我们得出以下结论：爆炸性扩展的资源是一把双刃剑，必须创造有市场价值的规模化新产业。不然的话，如果只是简单地在传统市场中同类竞争，除了少数几家公司得利，必将把整个传统产业拖入困境。由此推理，云计算健康发展的先决条件是找到大量消耗丰富基础资源的新需求，这里所说的基础资源包括：运算能力、存储能力和通信带宽。

2.3　开发信息产业需求的海洋：从知性到感性大转折

前一节我们得出结论，云时代信息产业的第一要务不是在传统信息领域精耕细作，不惜代价地争抢最后一口水。而是要找到新水源，或者说暴增的新需求。

让我们再次关注 Gilder 和他的 *Telecosm*，此书首版的时间恰逢互联网泡沫开始崩溃，华尔街已显乱象。*Telecosm* 犹如一针强心剂，大量投资涌向与光纤有关的电信领域。但是一年后，电信泡沫崩溃对投资人造成的损失远大于互联网泡沫。无数人的养老金付之东流，美国证券交易委员会介入，多名华尔街明星级分析师锒铛入狱。当时不少人抱怨 *Telecosm* 误导了投资者，据说 Gilder 为此受到调查，幸好结果显示 Gilder 并没有买入电信股票，也没有在此事件中获利。2010 年初，本书作者高汉中先生专程去洛杉矶与 Gilder 讨论共同写一本 *Telecosm* 后续发展的书，两天的时间里与 Gilder 单独深谈 6 小时，并向他求证证券交易会的调查之事，他笑而不答，流露出倔强的表情。

回到 2002 年，就在华尔街股市大崩盘期间，Gilder 换了出版社，再版他的 *Telecosm*，重申他的观点，并在新版书中增加一篇“后记”。在 Gilder 新版后记中有一段看似无关紧要的话，详细描述了人类视网膜和大脑神经节细胞的生理结构，引出一个基本事实：视网膜细胞感受外界光刺激的信息量高达每秒 1Gbps，而大脑神经节细胞能够理解的信息量只有每秒 25bps，两者相差达 4000 万倍！问题是，大脑接受的精练信息主要取决于个人的主观意志。也就是说，人类最大的需求就是不确定自己的需求是什么。因此，云计算的终极目标是让人“感受”，而不是“知道”。由此可见，早在 2002 年，*Telecosm* 的再版后记已经指明了云时代信息产业的第一要务。这就是，满足人类感官刺激是整个信息产业渴求的新水源，或暴增的新需求。

我们通过互联网，或者移动互联网，可以了解世界各个角落发生的事情。知性内容指的是传递消息，例如：政治见解、新闻故事、统计资料、天气、股票、图片文件、家电控制、传感器网络等，还包括广泛的电子商务和企业管理。传输过程不重要，只要结果正确就够了。由于受人脑限制，抽象的知性内容不需要大的数据量，属于窄带范畴，如 Twitter 的生存空间能够迅速从互联网延伸到无线终端。

但是，感性内容讲究视听过程的感受，人类对视音品质的体验要求，如同发烧友对音响、数码相机和高清电视，几乎没有止境，引发资源需求膨胀万倍以上。典型的例子是，今天从号称"宽带"的 3G 无线网络下载一部普通电影，通信费用难以承受。而且，这种电影放在大屏幕电视播放，品质不佳。

显然，*Microcosm* 和 *Telecosm* 带给我们丰盛的资源（芯片、存储、带宽），只有通过人类视觉器官才能消化。在云时代，消费者已经不满足"知道结果"，而是要讲究"过程的感受"。因此，消费者对感受品质的追求，或者说，消费者需求从知性到感性的大转折，就是云时代唯一暴增的新需求。开发这一需求海洋是促成 IT 经济井喷的唯一途径。实际上，锁定了云计算和信息化的终极目标。

20 世纪 80 年代中期，互联网的开拓者们开始认真研究和规划互联网的应用。那时，高汉中先生作为一名入行不久的青年工程师，全部时间投入到早期视音讯网络的研究开发工作中。有幸参与项目研发，在 1985 年，使用 1.5Mbps 码流，实现了从纽约到旧金山之间稳定流畅的视频会议。1992 年，Van Jacobson 等人展开了全面的 MBone(Multicast Backbone)试验[12]，其中包括实况转播航天飞机发射，医生远程诊病，学术会议和讲座(包括 IETF 会议)。当时普遍认为 MBone 将比 WWW 更具有潜力，但很可惜，MBone 以失败告终。今天看来，MBone 的勇气可嘉，但想法幼稚可笑。

本书认为，MBone 失败的直接原因是深受窄带思维模式的限制，形象化地说，大象(流量巨大的视讯业务)骑脚踏车(小流量电脑信息网络)哪有不垮之理。20 年过去了，数千亿美元花掉了。可悲的是今天，互联网应用还没有达到 MBone 当年的目标，互联网上最热闹的应用竟然限制在搜索引擎和 Facebook 之类的窄带业务。

人类与生俱来追求感官体验高品质，必然引发巨大的资源需求。*Microcosm* 和 *Telecosm* 带来的资源是个深不见底的矿藏，已经充分富裕，甚至永久过剩。但是，这些资源必须用信息技术这把铲子去挖掘。如果沿着传统电脑时代的思维模式，挖掘传统信息服务资源的铲子已经很完美。但是，用这把旧铲子来挖掘云时代的丰盛资源很不顺手，并且，已经成为信息产业发展的瓶颈。因此，必须换一把新铲子，这就是云时代的信息技术。

回顾本章提出的论点，面对云时代"资源"和"需求"的新环境，必须发明一种新"工具"。实际上，云计算的技术不同于 PC，就像 PC 技术不同于中央主机。

第3章

大数据和云存储

我们知道，计算机发展初期，存储器和中央处理器曾经是一体，其中，存储内容分为计算程序（软件）和用户数据。当时，运算力是瓶颈，存储器是 CPU 的外围设备。后来，由于多媒体内容快速发展，相比之下，计算程序增加缓慢，用户数据趋向于独立的存储器。今天，存储器带宽和容量已经成为计算机体系瓶颈，因此，运算力围绕着存储器而设计。

注意：这里所说的存储，主要是用户多媒体数据，不包括电脑的执行程序。

存储领域的研究显示，未来存储载体的发展趋势是：磁性硬盘扩容、固态硬盘降价、光学硬盘成熟。在可预见的将来（十年以上），大规模网络存储的载体还是以传统磁盘为主。

30 年前，我们还没有数码相机和 MP3，那时个人电脑已经有基本完整的办公软件，只不过屏幕上显示 5×7 点阵字母。当然，那时不知道多媒体为何物。过去 30 年中，个人电脑的存储和运算量暴增，如果仔细分析，不难发现，这些暴增的部分大都源自多媒体内容。

未来十多年，网络流量还有一次更大的暴增机会，业内有人称其为“大数据时代”。

什么是大数据？

细心分析不难得出，大数据不是简单的数据量增加，而是数据性质的改变。实际上，随着存储资源高速增长，单位成本快速下降，未来最大的数据存储必须同时满足两个条件：大数据量和大用户群。显然，电信应用是大数据量，但是，中国只有几家电信公司。搜索引擎面向大用户群，但是，每人仅处理关键词和网页地址之类的小数据量。假设，每人每天记录数千条信息，包括所有购物凭证、出行车票、每项微小活动，甚至无数次生理参数测试值，这些数据量加起来抵不上一张高清照片。因此，前述应用都不符合未来大数据的定义。我们知道，高品质视频内容占据的数据量相当于非视频内容的千倍以上，由此推理，大数据量以视频为主。另外，大用户群非普通消费者莫属。

由此不难得出简单结论：未来消费者的个人视频内容存储（视频邮箱）将百倍于传统企事业和政府存储数据量的总和。注意，相对而言，非视频内容微不足道。显然，这个视频内容的海量市场尚在孕育之中，但是，我们已经看到眼前大规模城市视频监控的高清晰度、长时间记录和智能化解读趋势，单此一项刚性需求就导致巨大的市场增量。云端存储技术创新正是瞄准了这一目标，量身定做视频内容这一块，将占据未来市场的十之八九。至于说非视频内容，到时候只需增加一个格式转换接口模块。

由此可见，未来大数据的主体不是今天常见的数据（电信、金融、税务、公安等），未来实现大数据存储的手段不是我们今天常见的方法（SAN、NAS 等）。这一与众不同的观点是云存储创新的立足点。

我们应该清醒地认识到，尽管多媒体和流媒体容量巨大，但是，处理流程极为单纯，而且，基本固化。在个人电脑时代，多媒体内容分散在无数个服务器中，存储器成为计算机的一部分。进入云时代，多媒体内容必然集中存储，存储器必然独立于计算机。根据新一代的云端存储技术，用硬件方式直接处理多媒体和流媒体内容，只需一条简短指令，自动建立存储库与用户终端间的直通车。

由此可见，云端存储物极必反，从计算机的最大负担，跳变到完全解除计算机负担。

新一代的云端存储系统主要包含两项重大创新。

1. 云端存储创新之一：解构传统数据库

在云时代，我们面临的难题是：采集的数据量无限增大，数据种类不断增多和难以解读（多媒体），数据查询速度无限加快（多人共享和机器自动查询），查询方式复杂多变（深度加工和数据挖掘），更重要的是，使用数据库的人员分工细化，有不断增加的人群（社会化）同时维护和使用同一个超级数据库（信息中枢）。显然，当数据库极度扩大后，采集查询的速度和存储总量受电脑硬件限制，查询和挖掘功能受数据库软件限制，尤其是许多独立工作的团队受一台机器扩容和功能更新限制，频繁下载重启，干扰系统正常运行。

怎么办？

本书提出建设超级社会信息中枢的新思路：用无数台设备联网，每台设备独立工作，执行指定算法，即解构硬件 ＋ 解构数据库软件。既然无数台设备联网，性能指标取决于网络，单台设备不在乎高性能，而是强调高性价比。也就是说，系统总规模无限扩展，不在于单台设备。

既然每台设备独立工作，就没有必要统一单机结构，甚至可以不用电脑（高效的软件硬化），单一功能容易实现复杂算法，这就是异构算法引擎，或称神经元。

增加超强的管理功能（传导协议），协调每个神经元的任务和数据流向，包括算法引擎之间的任务转移，启动和停止某些指定神经元工作。实际上，系统在运行过程中完成升级和扩容，这就是新陈代谢能力。

由于算法引擎独立工作，当然能够由独立团队异步开发、维护和使用，这就使系统具备了远程协同作业能力。如果某些算法引擎能够根据实际环境数据，自动调整算法参数，这就是自适应能力，或者称自学习能力。

将上述优势整合在一起，由无数神经元（异构算法引擎）联网，规模可无限扩展，具有新陈代谢和自学习能力，适应远程协同作业的信息中枢取名为"神经网络"。

新一代云存储针对内容特征，解构传统数据库，量身定制基于信息库、文件库、和媒体库的3种硬盘操作模式，并且，统一到跨平台的数据结构：

(1) **信息库**：主要面向裸信息处理和系统管理内容，简单CPU紧密结合SSD（solid state disks）的结构。

在超级大系统中，信息库兼作全系统的中央处理机（极多线程状态机），统一指挥系统流程和其他神经元。

(2) **文件库**：主要面向多媒体文件的存储、发送、系统备份等。用一种现场可编程门阵列（field-programmable gate array，FPGA）做成硬件读写硬盘数据，采用异步数据包传输方式。包含检错重发机制，替代繁琐的TCP（transmission control protocol）软件协议。

(3) **媒体库**：主要面向实时视频流媒体，包括：通信、媒体、娱乐等。由FPGA硬件读写硬盘数据，采用准同步数据包传输方式。简化用户端存储器，并且，体验到瞬间互动反应的感受。为了保障系统流畅性，媒体库不设检错重发机制。如果信道品质较差（如无线通信），可以考虑采用正向纠错方式（forward error correction，FEC）。另外，本操作模式包含流量微调机制，消除视频场景和收发端时钟误差造成的缓存器溢出或读空。

2. 云端存储创新之二：剥离多媒体内容

新一代云存储的显著特征是，建立存储库至用户终端之间的直接通道，彻底解除多媒体内容存储和传输对计算机的依赖。剥离多媒体内容以后，实际上，为云计算服务器卸下绝大部分工作负担。也就是说，无论多大的多媒体文件存储和传送，对于服务器来说只是一条简短指令。另外，文件库和媒体库只接受来自信息库的单方向指令，即使文件库和媒体库受到病毒感染或者黑客攻击，绝对保障信息库安全，同时确保云计算服务流程不受病毒和黑客干扰。至于说，多媒体文件的制作和解读，基本上属于用户终端的任务，与云端无关。

面对云时代的新需求，云存储结构设计和管理必须配合应用环境。其中，信息库的应用关键是以安全为核心建立精确可控的开放度；媒体库的应用关键是合理精确计费，当然，计费同样离不开安全；文件库介于两者之间。

我们知道，人类活动能力有限，即便是明星，每天只能露面几次，产生消息的机会非常有限。100 年前的明星不过是报纸上登几段文字，今天明星产生新闻事件其实与 100 年前差不多。至于说，今天明星消息占用多少数据量，完全取决于用什么媒体方式报导，而不是有多少条消息。一条消息从简单文字到高清晰度视频，数据量增加数亿倍，但是，人类消息总量增加缓慢。因此，所谓的大数据，主要都是视频内容。大数据不代表消息总量暴增，在剥离多媒体内容的前提下，大数据不会增加服务器负担。这就是重建云存储体系的价值所在。

物联网会产生大数据吗？

实际上，能够为我们生活带来极大便利的物联网，基本上只是采集一些简单的数据。一大堆采集数据加起来，不过相当于一段简单文字，或者低品质图片而已，数据总量微不足道。另外，如果我们采集全国每家超市的每张收银条，纳入数据挖掘系统，其数据总量还不抵一套小型视频点播系统。因此，除了实时视频监控，物联网不会产生大数据。

人体生理结构告诉我们，在充分满足人类视觉交流之后，再没有更大的爆发性数据容量需求。也就是说，IT 产业的三大基础资源（计算、存储、带宽），像其他资源需求一样，都不会无限制增长。我们预测，不久云存储的总量中，信息库占据不足 1%，文件库占据不足 10%，媒体库占据 90%以上。实际上，未来趋势是，信息库增加缓慢，文件库增加 10 倍，媒体库增加 100 倍，最终占据数据总量的 99%以上。也就是说，网络存储和传输流量将收敛到几乎全是视频内容的境地。

3.1 跨平台数据结构

我们知道，传统数据库的功能局限于一套软件，性能局限于一套硬件。即便使用同一家厂商的软件和硬件，不同团队开发的数据库内容不能互通。

新一代云存储的开放式数据结构能够分布在不同的硬件平台，不限于存储设备类型，包括CPU、内存、固态硬盘、磁盘阵列等；也不限于访问工具，包括传统软件、可编程硬件或其他异构设备。只要一本局部代码字典、特定的信息存放地址和通用的神经元传导协议格式，让用户直接面对原始数据，开发任意高等级信息服务。也就是说，打破传统数据库的限制，满足完全开放，永远够用，不浪费，不必引进新结构的设计原则。

新一代云存储定义一种简单的3层数据结构，每一层都可以由不同设备实现。

(1) **功能区**：对于任意一种物理存储设备，首先分割成多个功能区，主要包括：索引功能区、链接指针功能区、通用存储功能区等。

(2) **数据块**：每个功能区由许多个长度相等的数据块组成，数据块在功能区的排列位置代表本数据块的地址，或称指针。每个数据块包含状态标识和扩展地址，或称复合链接指针。另外，索引功能区中数据块按序排列，存储功能区中数据块随机排列。

(3) **信息单元**：数据块可容纳信息单元，并在数据块中随机排列。从数据结构角度，数据块包含信息单元。从应用角度，信息单元是主体，数据块只是存储载体。信息单元的数据量差异极大，许多小信息单元可以合并存放在一个数据块中，但是，一个大信息单元可能占用许多个数据块，并可跨越数据块边界。每种信息单元可定义多种细分类型，固定或可变长度，前端附带类型代码和辅助描述，由代码字典详细解释。信息单元中可能含有指针，例如指向某个算法引擎，或者，某个多媒体内容的存储设备和地址。

3.2　信息库设计(裸信息)

信息库的功能主要面向精简信息，或称“裸信息”处理，包括客户流程和系统管理。

以气象预报为例，气象台通常告诉我们：晴转多云、小雨、大风等。如果用代码表示 N 种可能的事件，只需占用2的 N 次对数 bit 信息量。如果用2个中文字(32bit)来描述一个事件，仅有几种结果。但是，按裸信息量计算，32bit可能包含40亿种不同组合。因此，用代码传达信息简洁可靠：明天3＃天气，后天17＃天气。显然，我们必须事先约定(先验信息)，3＃和17＃代表什么，或者说设计一本代码字典。有了这套代码系统，并事先告诉相关用户，在用户手机就可以显示不同语言的天气预报，并且配上不同风格的图片。

显而易见，信息与其表现形式分离，是实现"三屏融合"的重要手段。

我们不难预测，"以人为本"的数据结构一旦涉及多媒体内容，导致无节制的数据量暴增，对云计算中心带来灾难性的处理压力。或者说，意味着数据量超线性增加。因此，新一代云存储的出路在于"以电脑为本"，或者说，去除冗余数据。

用信息库取代传统的数据库，此处"信息"与"数据"仅二字之差。实际上，一个设计良好的信息库应该是，信息量巨大，但是，数据量很小。尽量精简的数据量，意味着运算、存储和传输效率提升千百倍。

与多媒体内容相比，信息库内容几乎不占用存储和传输资源，或者说资源使用费为零。信息的价值因人而异，尤其对于敏感信息，接触特定信息的许可不是简单收费，而是严格细分的权限管理。从社会信息化角度，信息过度防范导致使用价值受损，过度开放危及信息安全。在现实社会中，不可控的开放必然导致滥用，因此，开放必须有度。信息库的目标是精确收放自如的信息开放，把信息安全提高到银行金库水平。

3.3 文件库设计（多媒体文件）

文件库的功能主要面向多媒体文件的存储、发送、系统备份等。

新一代云存储的文件库由 3 个操作层次组成，其中包括多条指令：

(1) **文件层次**：信息库执行用户服务协议，操作在文件层次（包含任意多个数据块）。如果有需要读写用户多媒体文件，由信息库向文件库管理器发出单个读写盘指令。操作结束后，文件库管理器向信息库发回结束确认指令（成功或失败）。

(2) **数据块层次**：文件库管理器实际执行多媒体文件读写操作，将文件分解成多个数据块，逐块确认和重发。缓存频道控制器根据 FPGA 的读写盘数据块结束指令，向 FPGA 发送下一个数据块读写指令，直至完成整个文件，或者该文件读写盘失败。

(3) **数据包层次**：一个数据块含有多个数据包，由缓存频道控制器完成数据块中独立数据包的收发操作，同时执行数据包收发过程中的安全审核、丢包、乱序和少于设定 PDU（protocol data unit）的数据块处理。随着数据包不断存入或读出缓存频道，积累达到完整的数据块，然后一次性读写硬盘。对于磁性硬盘，这种方法可以大幅度减少磁头寻道时间。

为了提高存储单元的并发流量，例如视频点播应用，可以将多个数据块合并成复数据块，由多个硬盘同步读写。实际上，就是向多个硬盘同步发送读写盘指令，使得总体流量倍增。另外，为了提高存储单元的总容量，例如个人邮箱业务，可以组合多个硬盘复用。实际上，就是分别向多个硬盘发送独立读写盘指令，使得单位存储成本大幅度下降。

对于文件库来说，为了确保文件内容的完整性，如果发现数据包丢失，则通过文件库流程自动申请补发，替代繁琐的 TCP 网络协议。

文件库内置的接收和发送缓存处理器承担了每个数据包的安全和完整性过滤。在传统计算机和存储设备中，这些任务均由软件完成，导致消耗大量的计算资源。新一代云存储的文件库通过硬件缓存处理器，彻底解除了多媒体内容存储和传输对计算机的依赖，奠定坚实的云端存储基础。

3.4　媒体库设计（视频流媒体）

媒体库的功能主要面向实时视频流媒体，包括：通信、媒体、娱乐等。可以预见，未来多媒体服务将统一到单纯流媒体网络架构。

典型的媒体库设计，在上述文件库基础上，增加恒流特性，严格控制每个频道数据包的发送时间。实际上，如果每个数据包长度固定，那么，发包时间间隔就决定了用户码流。

新一代云存储的媒体库将传统硬盘文件转化成用户媒体流，在信息库的指令下，直接向用户终端收发准同步视频流。因此，满足了大一统互联网的品质保证，消除了网络服务器处理多媒体内容的负担，同时，在客户端可以感受到实时操作，省去昂贵的硬盘存储。

对于视频流媒体，瞬时流量随视频内容场景略有波动，用户终端的视频编解码器决定了实际流量。在写盘方向，不论用户终端发来多少数据包，都能够准确存入硬盘。在读盘方向，按平均流量设定发包间隔，用户终端数据缓存器检测到即将读空，发送协议指令，自动要求增加流量，即减少服务器端的发包间隔。反之，数据缓存器检测到即将溢出，发送协议指令，自动要求降低流量，即增加服务器端的发包间隔。

第4章

云时代的计算技术

面对云时代的新需求，如果沿着冯·诺依曼的计算机体系，同时迫使计算机适应人的沟通习惯，必然导致越来越复杂的硬件和软件。其中，复杂硬件主要表现为巨大数据中心，其实只是同类服务器简单堆积。尽管数据中心占地面积从足球场扩大到飞机场还有很大上升空间。但是，复杂软件必然引发软件危机，良好编程和严格管理能够改善，不过上升空间极为狭窄。

为什么？

软件是以个人能力为主的人脑的产品，软件危机的本质是挑战人类思维极限，如同运动员追求体能极限，实际上是挑战自然规律，其难度不下于谋求长生不老。实际上，PC 时代的大型软件工程，本质上不断地扩大资源到应用的距离，违背了自然界最低能量的进化规律。这条恐龙式路线投入和产出不成比例，系统越大效率越低，导致软件可维护性、可靠性和安全性严重隐患。

问题是，我们的目标不是设计最复杂的软件，陷入毫无意义的竞技游戏。我们的使命是面向无限扩展的应用领域，探索算法，解决实际问题。云计算为我们提供了化复杂为简单，拧干传统计算机体系中多余水分的机会。

不难看出，硬件和软件瓶颈已经限制了重大的网络应用，多年来，人们只能寄希望于各种不需要密集计算资源的网络快餐，例如，当前流行的社交服务(Facebook)、推特(Twitter)、团购(Groupon)和企业服务(Salesforce)之类。尽管这些都是受追捧的好业务，但是，本质上都属于云计算的初级应用，对网络经济贡献不大。

我们的研究发现，过去 30 年计算机发展，是一个只加不减的过程，因此，不可避免地堆积大量无用赘肉。其中包括最近蹿升的虚拟软件，无非给个人电脑模式多加了一个补丁，暂时缓解困境。本书认为，进入云时代，云端计算技术应该放弃个人电脑模式，而不是补救。

本书认为，现有的计算机体系背负着两个极其沉重的包袱：第一，多媒体内容；第二，人性化环境。前一章所述的云存储体系已经彻底解除了多媒体内容对计算机的负担。本章论述，只要把人性化操作环境交给终端，不但彻底解除了云中心的第二项沉重负担，而且，大大有利于应对“三屏融合”的市场趋势。

事实上，抛弃上述两大包袱的前提就是跳出诺依曼体系框架。遵循本书提出的云存储和云计算理论，放弃当前个人电脑和万能机器的工作模式，是快速获取云端巨量运算能力和化解软件危机的绿色手段。

根据冯·诺依曼体系，今天计算机结构分为硬件和软件两个独立部分。基于神经网络的云端计算技术突破了这个框架，主要包含两项重大创新。

1. 云端计算创新之一：硬件与软件融合

硬件与软件融合成自治体，或者说，独立神经元，包括极多线程状态机和异构算法引擎。化解软件危机的措施归结为：把一项复杂任务分解为多项简单任务；通过软件硬化（例如 FPGA）高效执行专用算法。

2. 云端计算创新之二：计算与通信融合

用通信模型重建复杂的计算机系统。通过信息处理流水线，并由神经元传导协议，从物理上隔离各个算法引擎，设定通信权限。实质上，在巨幅提升系统效率的前提下，保障系统结构性安全，以及植入各类商业模式。

4.1　从解构传统数据库，到创立非诺计算体系

当前各类通用和专用网站大都以数据库为基础，技术大同小异，应用开发流于快餐模式。

云计算带来了计算机基础创新的机会，建立新的理论体系。从大规模应用角度，云计算创新的突破口在于“**解构传统数据库**”，事实上，就是创立云存储新体系。

神经网络信息中枢彻底打破传统，废弃了业界推崇的多核 CPU 和服务器，操作系统，集群和虚拟软件，各类中间件和数据库软件，实际上，从总体上废弃了当前的个人电脑模式。取而代之的是多项基础理论和技术创新，包括：神经网络四要素，神经元传导协议，信息处理流水线，极多线程状态机，异构算法引擎，跨平台数据结构，以及按内容分类的信息文件库和媒体库结构等。事实上，就是落实到“**创立非诺计算体系**”。

什么是个人电脑结构模式？简言之，就是串行处理 CPU，加上洋葱式层叠堆积的软件。为了确切说明本系统的宏观架构，有必要与传统电脑系统作深入比较。

如图 4-1 所示，当前以个人电脑为基础的计算机系统架构(包括超级电脑)，由两个独立部分组成：电脑设备和应用软件。作为通用设备的电脑(包括虚拟机环境)，不论如何复杂，在加载应用软件之前，不具备任何实际应用功能。尽管这一系统比原始诺依曼体系已经有很大改进，今天，硬件和软件已经远比当初复杂，但是，从系统分成硬件和软件两个独立的发展部分来看，这一系统没有跳出原始框架，最多是改良的诺依曼体系。

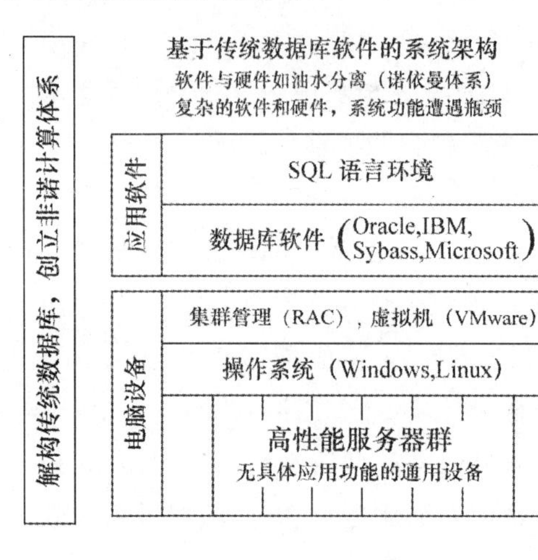

基于神经网络的信息中枢系统架构

软件与硬件融合在神经元（非诺依曼体系）

软件和硬件复杂度降低百倍以上，系统功能无限扩展

图 4-1 传统计算机系统与基于神经网络云计算系统的比较

从直观上看，基于神经网络的计算机体系，没有明显的硬件和软件之分，整个系统由许多独立的算法引擎，或称神经元，经由传导协议连接而成。实际上，借鉴生理解剖学术语，得名“神经网络”。显然，每个神经元都具备独立运行能力，完成指定的任务，并且，组合成任意复杂的系统。更重要的是，神经网络能够在运行过程中，调整神经元，定义不断变化的新任务，完成升级和扩容。也就是说，像生物体那样生长和新陈代谢，免疫和自愈。

当前是数据量暴增时代，存储器带宽和容量制约了计算系统的整体发展，因此，计算围绕存储设计。在数据中心，存储器占据大部分空间。为化解存储瓶颈，本系统依据存储内容性质划分为信息库、文件库和媒体库，并且，统一到跨平台数据结构。

从功能上看，神经元群建立在数据结构基础之上。从结构上看，存储器本身也属于神经元。

从宏观上看，这一体系包含两个互相关联，又相对独立的子系统：云存储和云计算。

进一步分析，本系统具有 3 个显著特征：第一，由极多线程状态机统一指挥系统流程和各类神经元，相当于大系统的中央处理机，或者称广义 CPU。当然，从结构上看，该状态机本身也是一个神经元。第二，根据功能定制不同结构的执行装置(不限于 PC)，或者称，异构神经元。第三，连接神经元的传导协议根据地址、具体功能和权限引导数据包通信，不同于传统网络协议仅靠地址导向，造成安全隐患。

为什么需要强调这 3 个特征？

实际上，就是将一个系统的复杂度分解为 3 个简单维度，即系统规模、单项神经元设计和系统协调模式。很明显，这 3 个维度都不需要复杂软件，因此，神经网络自然化解软件危机，为云计算的高级应用创造了发展空间。

不难想象，云计算中心必然全自动运行，不需要个人的操作环境，更不应该迫使计算机适应人类的沟通习惯。计算机和人是两个不同物种，天生没有共同语言。机器听懂人话很美好，但那是为了广泛消费者的具体应用，而不是为懒惰的软件工程师们提供方便。本系统整体设计的显著特征表现在充分适应计算机固有行为方式，软件工程师应该能听懂计算机的语言，或者说，通信协议。云计算应该以电脑为本，谋求最高性能和最低能耗的设计原则。显然，这一原则与传统个人电脑以人为本相反，效果大不相同。当然，从应用角度，以人为本永远正确，但那是终端的任务，与云端无关。因为，终端只需面对一个人，云端面对百万用户。

本系统通过客户端恢复人性化的操作环境，这里所说的“恢复”可以理解为把机器的高效沟通协议“翻译”成人类熟悉的表达方式。与多媒体数据处理相比，这项翻译工作带给用户终端的运算力负担微不足道。如果面对物联网的简易终端，则根本不需要翻译。

不难看出，基于神经网络的新一代计算机理论具备了完整性、新颖性和实用性。

如前所述，云计算中级阶段的主要任务是对信息深度加工，显然，加剧了对运算力的压力。在相同资源消耗的前提下，基于神经网络的计算体系能够提升云端潜在的运算力千倍以上。这些运算力资源的释放，将推动云计算进入高级阶段。因为，一旦跨越信息处理范畴，渗透到消费者实时视频应用领域，那么，云端运算力需求还将暴增百万倍，那时，传统计算机系统更加望尘莫及。

4.1.1　传统神经网络缺少什么

有趣的是，1956 年，就在冯. 诺依曼去世的前一年，这位计算机巨匠为耶鲁大学 Silliman 讲座留下一部未完成的手稿《*The Computer and the Brain*》[13]。这部手稿表明，他晚年致力于神经网络的研究，指出人脑与计算机的显著不同。诺依曼研究神经网络的出发点在于"人脑由不可靠元件组成可靠的机器"。与诺依曼观察角度不同，本书认为，神经网络的核心在于其系统能力独立于神经元的复杂度，这是造物主的设计。尤其在云时代，神经网络能够大幅度提升云端计算能力。但是，很可惜，今天的神经网络还远未成熟。

本书认为，当前神经网络不成熟的原因在于理论上有缺陷，根据 Simon Haykin 的经典著作《*Neural Network, A Comprehensive Foundation*》[14]，纵观数十年神经网络的发展，九成以上的研究精力局限在自学习算法和能力训练上，同一个题目反复研究，导致整体进步不大。因此，必须拓宽神经网络的研究方向，寻找新的突破口。我们看到，人类大脑发育达到谋生能力，必须经过幼儿期不断试错学习和十几年知识积累。但是，我们设计电脑，尤其面对用户信息处理，不能容忍试错，也不能等待漫长的学习过程。

本书认为，当前的神经网络理论忽视了不同部位神经元形态各异；忽视了生物与生俱来的本能；还忽视了生物抵御外来侵扰的免疫和自愈能力。这些能力与大脑的关系尚不清楚，因此，研究神经网络不应局限于大脑，还应该看到整个生物体。不应局限于模仿细节，还应该借鉴宏观的系统能力。实际上，知识空白，本能缺乏，难以学习，应该先灌输知识（先验信息），再谈学习。探究生物奥秘的路程尚远，我们不能等待所有谜底都揭开之后，再来模仿。

尽管多年来不少人提出超越诺依曼的构想，但是基本上只是局部改善，不成系统。本书认为，当前神经网络研究不应该局限于自学习算法，并首次提出神经网络四要素的新理论，包括神经元结构和传导协议、先天本能、免疫和自愈、自学习能力。沿着这一新理论，专用异构神经元取代传统的万能机器，从根本上创立非诺依曼云端计算新体系。

图 4-2 概括了基于神经网络的非诺计算机（智能机器）体系结构，包括设计准则、子系统、理论创新和结构创新，其中结构创新包含 8 项专利技术。如图所示，这一云端计算体系充分展示了完整性、新颖性和实用性。很明显，这是从第一台计算机问世以来最大的结构性变革，作为开创云时代的奠基。

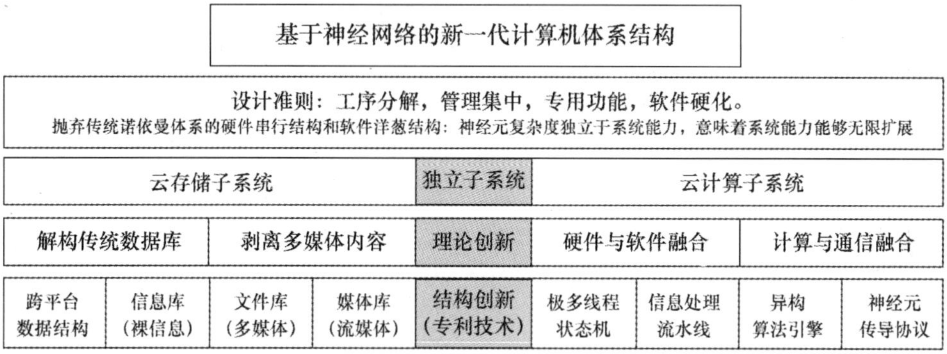

<table>
<tr><td colspan="9">基于神经网络的新一代计算机体系结构</td></tr>
<tr><td colspan="9">设计准则：工序分解，管理集中，专用功能，软件硬化。
抛弃传统诺依曼体系的硬件串行结构和软件洋葱结构：神经元复杂度独立于系统能力，意味着系统能力能够无限扩展</td></tr>
<tr><td colspan="4">云存储子系统</td><td>独立子系统</td><td colspan="4">云计算子系统</td></tr>
<tr><td colspan="2">解构传统数据库</td><td colspan="2">剥离多媒体内容</td><td>理论创新</td><td colspan="2">硬件与软件融合</td><td colspan="2">计算与通信融合</td></tr>
<tr><td>跨平台
数据结构</td><td>信息库
（裸信息）</td><td>文件库
（多媒体）</td><td>媒体库
（流媒体）</td><td>结构创新
（专利技术）</td><td>极多线程
状态机</td><td>信息处理
流水线</td><td>异构
算法引擎</td><td>神经元
传导协议</td></tr>
</table>

图 4-2　非诺计算机体系结构

4.2　极多线程状态机

图灵(Turing)发明有限状态自动机[15]奠定了现代计算机的理论基础。当前广为流行的诺依曼计算机体系，其实是一种用集中存储程序(软件)方式实现图灵机的结构设计。正如其名称所提示，程序(program)隐含了完整和连续执行的形态。

本书认为，诺依曼的后人忽略了，或者视而不见图灵机的一项重要特征，即状态机不是一个连续程序，而是可以分解成许多无限稳定的断点，即状态。我们知道，计算机的处理速度远高于人类，例如 1 秒钟对于人来说是极短的一瞬间，但是，对计算机操作来说是一个很长的时间。如果让计算机同时为许多人服务，只需找出图灵机中的那些稳定状态，然后配上适当的索引标记。在每个人操作流程的间隙中，能够轻易插入成千上万其他人的不同服务流程。依据这样的思路，本书提出极多线程状态机，实际上，定义了一种用非程序方式多维度扩展图灵机的结构设计，或者说，无限增加系统复杂度基本不增加编写软件的长度。这是过去 30 年软件工程望尘莫及的成果，显然，这是与诺依曼计算机体系平行的另一种计算机体系。

西谚云，要想吃掉一头大象，只要切成小块即可。实际上，一旦切成小块，就看不出大象的原貌了，也就是说，任何大动物都可照此办理，例如，狮子、骆驼等。我们知道，国际公认的 ISO9001 品质管理的灵魂是：要做的事必须写在纸上，写在纸上的事必须严格执行。也就是说，任何企业活动(当然指 100%的任务)都必须落实到一组流程。同时，任何复杂的程序流程(当然指 100%的流程)，都可以分解成一组简单状态机。因此，这是一条普遍真理。非诺计算机创新了状态机结构，直接通过多维度扩展，实现和替代大部分复杂的软件功能。其实，任何复杂的软件无非是告诉电脑，执行按事先规定的程序指令。本设计状态机几乎不用传统软件，或者说程序不等于语言，因为结构化信息表同样能告诉执行模块，按事先规定的指令程序操作，与软件等效。极多线程状态机结构表现为：高熵代码 + 结构化信息表 + 先验通信协议。面向空前强大的云计算中心，改变超大型计算机系统的开发环境，用极简单软件，完成极复杂任务。

请读者注意，极多线程状态机为下一节信息处理流水线埋下伏笔，实际上，为实现流水线的“工序分解，管理集中”打下坚实的基础。

关于极多线程状态机的工作原理描述如下：

我们知道，经典状态机有 3 项基本结构元素，本系统定义为：

(1) **触发事件**只有 3 种：用户请求、某项任务完成、某个计数或计时到点。触发事件无非是收到一个数据包，主要包含两项信息：“谁”发生了“什么事”。

(2) **动作执行**也只有 3 种：回答用户请求、通知某个算法引擎执行某个任务、启动某个计时器。动作执行无非是发送一个数据包，主要包含两项信息：“谁”要求执行“什么任务”。动作执行可以落实到一小段软件子程序，或者硬件算法引擎，取决于动作难度。

(3) **状态转移**代表了某个用户程序流程的中间步骤。状态转移无非是服务器内部一个存储字节，服务器收到一个数据包，其来源“谁”指向一个特定的“状态”。在此状态下，程序流程规定依据不同的触发事件，执行不同的规定动作，并转移到下一个规定的状态。所有操作无需复杂软件，只要一个代码转移表格即可。

面向云计算应用环境，要求云端服务器**“同时”**为**“无数多人”**提供**“无数多种”**独立的**“任意复杂”**的服务。因此，本系统进一步从 4 个维度扩充上述状态机基本结构：

(1) **时间扩展**：就是在图灵机稳定状态之间插入其他不相关流程，或称并发操作能力，取决于运算与存储的协调。

(2) **空间扩展**：就是通过用户信息存储分割，服务极大用户群。云中心能够同时服务无数用户，但状态机在每一瞬间只能执行一项任务。为了把随机出现的协议元素归纳到某项特定的服务过程，必须在每个协议元素上标识唯一与该服务相关的记号。本设计以服务申请方的逻辑操作号为索引(index)，确保用户操作具备时间和空间上的唯一性。

(3) **功能扩展**：就是通过流程信息存储分割，提供无数多种不同流程。云中心能够同时提供无数种不同服务，每一种服务的协议过程都由一组互相链接且封闭的状态组成。状态链接表可容纳大量独立状态，由状态入口指针（pointer）表示一项服务的起始状态。通过不同的入口指针，完成不相关服务的协议过程。

（4）**资源扩张**：任何处理量超过原子操作的任务，都转移到状态机之外的独立执行机构（算法引擎），例如：复杂的加密算法，搜索引擎，视频内容压缩和智能识别，大容量文件处理和发送等。对于状态机来说，所有任务无非是发送一条操作指令，或者类似复杂度的原子程序。这里所说的"原子操作（atomic operations）"的定义是不可分，或者不可中断的短程序，执行时间一般在神经元每秒操作能力的万分之一至千分之一。

实际上，极多线程状态机的核心思想就是把一个复杂系统分解为 4 个独立维度，在每个维度上，都是一项简单任务。在执行一个维度任务的同时，不影响其他 3 个维度。进一步分析发现，在上述 4 个维度上，无论扩展到什么程度，甚至包含全世界的企业管理和电子商务，几乎不增加软件复杂度。或者说，无论流程有多复杂，软件永远保持在简单的水平。

4.3　信息处理流水线

"流水线"这个名称，今天已经不陌生。100 年前，美国汽车大王亨利·福特（Henry Ford）为了应付日益增长的 T 型车市场需求，对汽车生产流程进行了彻底的分解和优化，创造了前所未有的流水线生产模式。这一颠覆性的变革，直接导致汽车从美国富人的象征，转变为大众交通工具。

流水线生产模式带来的直接好处可以归结为两点：

第一，汽车装配从高技能机械师转变为普通工人，甚至雇用了大量的残障人士。

第二，汽车装配品质稳定，人均产量大幅提高，生产周期大幅缩短，带来巨大的经济效益。连续多年，福特一款 T 型车占据世界汽车销量的一半以上。

今天，制造业流水线生产模式早已是理所当然。但是，令人费解的是在高科技的计算机领域，居然还在延续原始的行为模式。图 4-3 上半部揭开了当前计算机的面纱，我们看到建立在个人电脑模式上洋葱一样层叠堆积的软件结构。这种结构注定成为云时代的发展瓶颈。

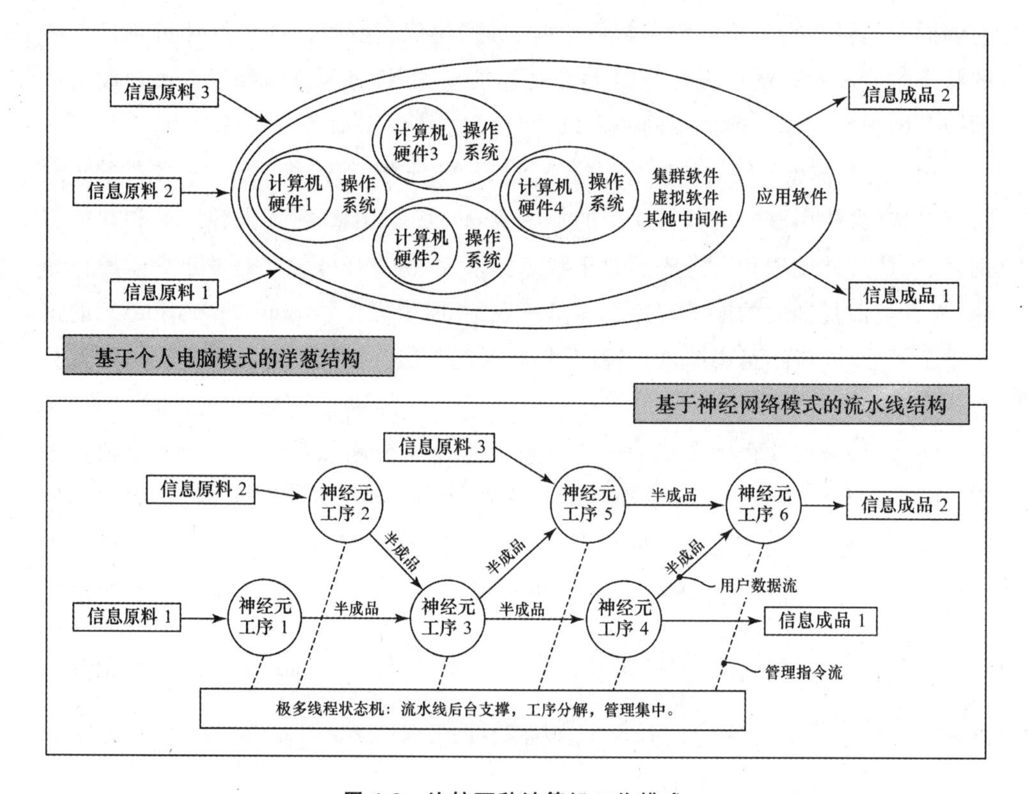

图 4-3 比较两种计算机工作模式

今天的软件精英们，用一个软件把持网络应用的全过程，与100多年前手艺精湛的师傅们何等相似。其实，这种洋葱结构的出发点是为了迁就僵化的应用软件，不得不在硬件资源和应用软件之间插入许多与应用不相干的中间层。本书认为，这是典型的舍本求末，作茧自缚。事态还在继续恶化之中，这些脱离应用的中间层越来越复杂，演变成令人生畏的软件工程。事实上，复杂的软件工程浪费大量资源，无助于实际应用，成为社会信息化肌体里的肿瘤。因此，只要不放弃僵化的应用软件结构，就注定了洋葱模式愈演愈烈，最终不可避免地引发恐龙式的巨大数据中心和难以治愈的软件危机，成为云时代的应用瓶颈。

我们有必要保护既有的"应用软件"吗？

错了。真正的价值在于应用，而不是软件。

我们有必要适应未来更加复杂的应用吗？

完全没有必要。其实，应用本身并不复杂，今天的复杂软件几乎都不是聚焦在应用上。

所谓的信息处理，无非是用电脑执行人为制定的流程。流程就是人类行事规则,人类的生物性决定了流程永远不会复杂,而且进化极为缓慢。君不见,30年前,IBM最早的PC已经具备今天办公软件的基本功能。45年前,美国航空公司的订票流程,与今天最新的火车票实名售票流程相差无几。再看几千年前的古罗马奴隶拍卖,到250多年前的苏富比和佳士得拍卖行,再到今天的eBay,常用拍卖流程至今未变。同样,电子商务流程无非是模拟人们司空见惯的购物行为。

我们看到,当用户群体巨大时,其需求会出现很大的趋同性,也就是说,网络普及必然促进资源按价值最大化方向重新排列。实际上,今天互联网的热门应用不过屈指可数。

我们看到,今天电脑已经能识别人脸,但解读表情的能力还不如一个新生婴儿。展望未来,"算法"还有很大的发展空间。但是,算法不是软件,复杂的算法不代表需要复杂的软件,复杂算法可以由专用的简单软件,或者直接用硬件实现。详见下一节"异构算法引擎"。

本书认为,云计算时代不要被那些喜欢玩软件竞技游戏的精英们所绑架,应该重新定义网络应用,重新规划应用软件,抛开既有复杂软件的禁锢,包括:操作系统、集群软件、虚拟软件、各类中间件、数据库软件等。我们看到,这些洋葱结构的软件系统与真正的应用毫无关系,因此,某种意义上可以断定,在云计算中心,复杂的软件一定不是好软件。

为什么今天的软件工程如此复杂,还要陷入所谓的软件危机?

本书认为,软件危机是计算机工业误入歧途所致。

出路其实很简单,我们只需借鉴亨利·福特的智慧,对计算机应用流程进行彻底分解和优化,不难得到图4-3下半部分的信息处理流水线,或者说神经网络。如同汽车制造流水线,由熟练装配工取代手艺高超的师傅,显然,流水线中每道神经元工序的设计,不需要前述的复杂软件,我们还能清楚地看到神经元工序中间过程的半成品,实施精细调试和品质管理。

从表面上看,流水线由许多简单工序组成,但是仔细分析福特流水线,关键是强大的后台支撑体系。也就是说,工序分解,管理集中。实际上,前一节所述的极多线程状态机正是为信息处理流水线量身定制,具备了超级强大的管理和协同能力。

我们显然可以分享到汽车制造流水线带来的好处,预测到必然的后果:软件危机不复存在,系统运行超级稳定和可靠,系统效率巨幅提升。因此,改变电脑工作模式是快速获取巨量运算能力的绿色途径。凭借高一代的技术优势,不但能够争夺传统市场,重要的是,为开辟新市场,进入高级网络应用奠定了基础。试想,手中握有万倍以上资源,俯瞰当今计算机世界,这是一幅有趣的小人国风景画。

4.4 异构算法引擎

前面我们谈到了算法不是软件,本节进一步解读流水线中关键的神经元工序,或者说,算法引擎。异构算法引擎包含两个独立概念:“算法引擎”和“异构”。

4.4.1 算法不是软件

“算法引擎”泛指大处理量的专用设备,任务单纯,聚焦高效率,简化软件。包括:典型的多媒体和流媒体库,搜索引擎,加密与解密,第三方数据库采集和挖掘,实时监控识别,人工智能,多媒体加工软件,办公软件等。

显然,未来最大的不确定因素是算法,我们很难预测什么技术是实现某种算法的最佳选择。本书认为,当前很热门的所谓“大数据技术”,如 Hadoop,其实仅仅适合于 Map/Reduce 之类的批量流式处理算法,用于计算统计匹配的搜索引擎。显然,对于精确计费的电子商务,或者,对于未来网络应用主体的实时视频数据处理,就不是一个好方法。事实上,浮点运算、离散余弦变换等算法早已成为一个硬件模块。

实践证明,“算法”千变万化,例如,高智能家用机器人,或者机器宠物,通过无线网络连接云端巨大和日益更新的智能库,能够自动感知周边环境,识别主人的行为、手势和表情等,具备个性化和自学习能力。我们知道,为了让消费大众用自然方法指挥机器,背后必须由专业人士花大力气精心设计。千万不要误解为消费大众可以直接设计机器或者编写软件,如同对着一堆原材料念个咒语,就会自动变成一部汽车。

用一个形象化的比喻来理清软件和算法的定位。缝纫机发明后的一百多年内,大部分家庭都有一台缝纫机,那时,大街小巷中裁缝店林立。如果比作个人电脑时代,缝纫机是 PC,裁缝就是软件工程师。后来随着成衣业发展,家用缝纫机成了古董,传统裁缝师傅不见了。取而代之的是时尚设计师,显然,这些时尚设计并不需要精湛的裁缝手艺。如果成衣业比作云计算,时尚设计就相当于算法。未来电脑世界里还有太多的未解之谜,我们需要发明新的算法,而不是复杂的软件系统。事实上,我们今天经常使用 90%的软件,仅由不到 10%的软件工程师开发完成。进入云时代,传统软件只是实现算法的手段之一,而且,不是最重要的手段。

今天,由于 IT 行业发展长期近亲繁殖,思维模式局限在 CPU 加软件的计算机理论和 TCP/IP 的互联网理论桎梏中,在宏观上迷失方向。本书认为,应该花力气探索和发现处理对象的共性规律，避开低效和无目标的通用万能设计，把精力聚焦到少数大规模的专项云计算应用中来，例如，专用电子商务或其他专用机器，学会使复杂事情回归简单，把握云计算的应用主体。

4.4.2　从试管和白老鼠探索软件硬化之路

"异构"泛指不拘泥于既定架构，量身定做，同样聚焦高效率，避免复杂软件。从"算法不是软件"这个命题，自然引申出"异构"的算法引擎。

过去的几十年里我们有幸见证了 IC 芯片、PC 和互联网的诞生和成熟过程，还目睹了"Bellheads"和"Netheads"两大学派的竞争。自从有了 PC 和互联网，Netheads 感觉像吃了菠菜的大力水手，无所不能。各种高级编程语言把注意力集中在人性化的软件设计过程上，却忽视了随之而来低效率执行的结果。当前的软件精英们，忘记了软件编制永远是少数专业人士干的活，好的软件必须服务消费大众，而不是贪图自己方便。忘记了我们的使命是让计算机完成人类不擅长的任务，而不是迫使计算机按照人的沟通方式办简单的事。忘记了大数量事件的结果比过程重要，舍本求末，引发软件危机。事实上，自然法则总是朝着降低能量消耗的方向发展，Netheads 与造物主的行事方式格格不入，他们还没有看到天边已经出现了大片乌云。

从传统个人电脑，到所谓的超级电脑，其共同点是由独立硬件和软件组成。也就是说，在经典诺依曼结构的基础上，分别发展出越来越复杂的硬件和软件，形成超级细胞。但是，造物主设计生物体的时候并没有分成 CPU 和软件两步走，没听说下载一对眼睛软件或者下载一个心脏软件。每个器官都是从细胞发育时就确定功能，例如，视觉细胞和心脏细胞。跟随个体发育成长，细胞数量增加，器官功能完善，但是，细胞结构和复杂度不变。

人类发明 CPU 和软件，成为探索新领域一种快速见效的工具，或者说，CPU 加软件可以当做实验用的试管和白老鼠。这种工具本质上的串行操作模式，先天注定了效率瓶颈。过去 30 年，为了弥补串行操作的低效率，促进了芯片资源爆炸式发展。与此同时，受多媒体和云计算推动，同样的芯片资源，为非传统计算技术开辟了广阔的发展空间。常识告诉我们，对于确定的流程，无限重复使用的器官，一旦掌握了原理和算法，就应该换一种更有效的方法投入实际使用。本书认为，少用软件，不用复杂软件，才是创新计算技术的根本。任何相对成型的流程和算法都可以通过软件硬化，或者是电脑家电化途径，大幅度提高效率。

让我们回顾一下 FPGA 厂商讨论他们的产品，当英特尔（Intel）销售第一代 Pentium 处理器（P1）的时候，最大的单片 FPGA 可以容纳 4 个 P1。后来 Intel 销售P4时,最大的单片FPGA可以容纳10个P4。这一现象告诉我们,芯片制造进步的速度超过了人们设计和使用芯片的能力,新一代CPU的设计时间成为运算力的瓶颈。事实上,今天硬件电路已经可以在不停电前提下远程修改,相对而言,复杂软件程序的修改变得越来越困难。

Netheads的理论基础是摩尔定律,因为,CPU加软件方法固有的低效率能够被快速进步的芯片能力所补偿,纵容软件精英们肆无忌惮地浪费运算力资源。但是,这种理论只能对线性增长的需求有效。一旦市场需求出现重大跳跃,例如,从文字内容跳到视频,从小系统到云计算,芯片设计和资源捉襟见肘。于是乎,CPU加软件的方法只能被逼无节制地膨胀,形成恐龙式的巨大数据中心,引发软件危机,同时导致大规模高等级网络应用的瓶颈。由于实际任务复杂度差异极大,算法引擎设计随任务性质而变,自然形成"异构"概念,例如:廉价嵌入式CPU模块,传统PC和服务器,FPGA硬件模块,由FPGA连接的多CPU组件,由CPU管理的多FPGA组件,包含硬盘阵列的文件和媒体库,甚至包括人工呼叫和鉴别中心。执行模块可位于本地或远程网络连接。系统业务流程与执行模块设计调整无关,甚至,同一任务可由不同类型的算法引擎执行,彻底隔离系统复杂性与执行复杂性。实际上,这就是用通信模型重建复杂计算机系统的优越性。

4.5 神经元传导协议

前面我们讨论了云计算创新体系中3个关键要素,本节引入第4要素:神经元传导协议,或者说,通信规则。

4.5.1 基本协议栈

神经元传导协议的宗旨是"管理"和"开放",或者说,可管理的开放。实际上,在刚性的游戏规则之内,实现柔性开放,允许用户在规定的权限内行为不受限制,最大限度地灵活支持创新应用。

需要强调,大一统互联网中,网络资源和网络业务是两个独立的协议流程。其中网络资源与用户终端隔离,由服务器和交换机设备执行严格监管;网络业务流程则由用户终端参与执行,甚至可由用户制定规则,完全开放不受限制。因此,对于善良的消费者来说,看到透明的资源和灵活的业务,完全感觉不到网络设备的监管。对于行为不规矩者(如黑客),由于大一统互联网的监管措施与用户设备完全隔离,是一道迈不过的铜墙铁壁。

实际上,神经元传导协议与传统网络协议的主要差别在于:传统网络协议仅靠地址导向，难免造成安全隐患；神经元传导协议加入了功能和权限元素，与地址一起参与数据包导向，犹如生物体不同神经分属不同的传导机制。

1. 资源管理流程

神经元传导协议的“管理”体现在严格的资源调配，用户需要多少带宽和存储资源，网络按需提供。在用户申请的范围之内，严格保证安全和品质，并且精确记账。在申请范围之外，严格杜绝资源浪费。也就是说，将用户申请的带宽和存储资源限定在刚性管道内，在管道里面保证透明流畅，管道外面没有渗透和泄漏。

大一统互联网的资源管理流程主要包括：网络设备即插即用，疆域的扩展和界定，用户号码分配，服务等级登记，账户注册和终端入网等。

2. 业务管理流程

信息中枢和大一统互联网的业务管理流程主要包括：网络带宽按需随点，存储空间按需租用，消费者业务按次审核和精确计费。

(1) 神经元传导协议的“开放”体现在用户和服务的普遍原则，协调参与服务的 3 方：

① 供应方：包括敏感信息库(针对有选择的细分客户)，原创版权内容，增值服务等。

② 需求方：泛指客户，包括资格(针对不同信息类型的细化资格)和支付(占用资源)。

③ 资源方：提供网络平台，包括带宽、存储、运算力、代理版权内容等。

(2) 业务管理流程为每次连接执行一项 4 步统一合同：

① **“甲方”**(主叫方)审核过程：账户状态、细分权限、登记用户申请信息。

② **“乙方”**(被叫、或被点节目)审核过程：账户状态、服务提供能力、允许服务的细化资格、确认成交价格、登记服务内容信息。

③ 服务**“提交”**过程：服务器退居二线，建立甲乙方直接连通，并记录服务过程参数。

④ **“买单”**过程：服务正常结束，按合同登记结账，并提出对本次服务满意度的评估。若非用户原因造成服务流产，不提交账单。

(3) 注意，根据不同服务性质，上述 4 步统一合同分别有所侧重：

① 简单开放的免费服务可以省去某些合同内容，简化服务器操作。

② 敏感信息服务要求严格的认证和权限匹配，这是极多企业共享平台的基本保障。

③ 商业性服务要求严格计费，一般还需配合各类降价套餐和灵活的促销活动。

4.5.2 关于信息安全

当前计算机和互联网的安全措施都是被动和暂时的,无辜的消费者被迫承担安全责任,频繁地扫描漏洞和下载补丁。进入云计算,不少厂商适时推出云杀毒和云安全产品,可以想象,云病毒和云黑客们的水平跟着水涨船高,杀毒和制毒成为赚大钱的生意。各类安全措施无非在玩猫鼠游戏,信息安全如同悬在消费者头上的达摩克利斯之剑,严重干扰了云计算的商业环境。本书的目标不是用复杂硬件和软件"改善"安全性,而是建立"本质"安全体系。

实际上,今天遭遇信息和网络安全问题的根源,在于当初发明计算机和互联网时根本没有想到用户中有坏人,或者说,没有预见安全隐患。PC时代的防火墙和杀毒软件,以及各种法规和法律,只能事后补救和处罚已造成他人利益损害者。尤其面对集团支持的专业黑客,这些措施不能满足社会信息中枢的可控开放模式和安全要求。其实,借助云计算的机会,重新规划计算机和互联网基础理论,建立本质可信赖的安全体系并不困难。

首先,病毒传递必需满足两个条件,第一,用户文件可搭载电脑程序;第二,用户数据和电脑程序同时存放在CPU的存储区。病毒程序寄生在公开文件中,只要用户电脑解读下载的文件,就可能释放病毒。实际上,病毒的根源在于诺依曼计算机结构,排除这种独立CPU加软件的结构是铲除病毒一劳永逸的手段。

其次,网络黑客是另一类安全破坏者,在商业社会里,一旦信息有价,必然有人图谋不轨。任何安全设施都无法对人心设防,因此,严密的安全体系必须针对每个人的每次信息接触。不论公网或专网,把每个人都当作是可能的黑客,才能最大限度堵住受过训练的间谍入侵。实际上,黑客的根源在于IP互联网协议,未经许可就能向任何地址发送任意数据包,因此,创新网络协议是铲除黑客一劳永逸的手段。

但是,多媒体内容的解读方法繁多,难以排除传统计算机技术。另外,在当前环境下,完全排除IP互联网并不现实。针对这一情况,本书的对策是解构传统数据库,从功能上划分信息库与多媒体库。信息库兼作多媒体库的指挥机构,承担安全责任。其实,信息库只是单方向发送指令至多媒体内容库,没有必要使用和解读多媒体内容,因此,只要信息库安全,就能保障系统安全。信息库本身的安全依赖非诺计算体系,每一项操作都必须满足信息开放范围与用户权限范围的多维度匹配。具体落实到神经元传导协议,严格赋予神经元不同的访问权限,杜绝黑客和病毒,确保系统操作安全和灵活。也就是说,能够在开放的信息中枢,把安全和隐私程度提升到银行金库水平。

显然，与重建互联网相比，在单个信息中枢，抛弃传统数据库软件是微不足道的代价。

关于大一统互联网安全，详见本书第 5.8.5 节网络安全的充分条件。

4.5.3　关于三屏融合

大一统互联网的界面管理流程主要包括：消费者选择和定制网络业务，海量内容的菜单导航系统和搜索引擎，用户文件柜和存储内容的远程管理。

面向消费者的云计算应用来说，界面设计关乎用户体验，因此非常重要。最近从乔布斯的传记中得知，苹果产品对内部结构、外观和界面设计一丝不苟，充分表现出乔布斯对细节的追求，精益求精是他成功的注解。

云计算服务必须贯穿于三大市场：手持终端应用（手机和平板电脑）、桌面应用和客厅应用，即所谓的“三屏融合”。本系统的对策是云端统筹提供信息内容，终端独立决定显示方式。一套云流程，终端自动适应，同时服务手持、桌面和客厅。

信息中枢主要面向相对固定的流程，界面设计一般要求简洁易用。尤其对于选项丰富的电子商务内容，如同类商品的性能和价格，一次下载的精简信息，或称“裸信息”，可以临时存储在客户端，分成多个小界面。当客户反复比较时，不必多次下载，加快页面反应。也就是说，为了提高页面的反应速度，同时降低网络流量，神经元传导协议的用户界面显示数据由两部分组成，即“裸信息”和“格式文件”。前者包括随机更新的精简数字和代码，由云端流程产生；后者包括适应不同显示屏幕和艺术风格的细节，一般事先设计完成，由终端自动选定。格式文件一般较大，尽量存储在客户终端，避免重复下载。

另外，不同年龄和文化客户群喜爱不同的艺术风格，甚至要求个性化的界面设计，包括融入个人名字和照片。格式文件能够配合多种裸信息显示，客户端自动存储积累常用格式文件。云端服务器发送用户界面时，首先发送裸信息和适合该客户的格式文件代码。若客户端已经存储该格式文件，则立即显示界面，否则，自动申请补发。

为了适应多种不同客户端屏幕类型，实际上，“三屏融合”的难点之一是如何适应数倍之多的屏幕大小差异。如果把电脑屏幕显示内容全部搬到手机，必然导致字体过小，有伤眼睛。有一种常用方法是采用移动窗口，但是，内容看不全，来回移动很不方便。

未来云计算应用独立屏幕格式设计，共享信息，相同的应用在电脑、手机和电视屏幕上的显示布局可能完全不同。电脑屏幕的显示界面，一次下载后，在手机上分解成多个可快速切换的子屏幕，尤其有利于移动电子商务。

第5章

云时代的大一统互联网

本章提出一个严肃的问题，就是在新的网络应用功能不断涌现之际，IP互联网却已经由于先天结构缺陷而难以跟上时代前进的步伐。

什么是大一统互联网？

答案：就是全球一张网，覆盖全部用户和全部服务，或者称终极网络。

当前互联网是计算机网络，或者说，信息交流网络。大一统互联网是实时流媒体网络，或者说，娱乐体验网络。有了"透明的"实时流媒体通信，个性化电视水到渠成，回头拿下其他多媒体业务只是顺手牵羊。也就是说，传统计算机信息服务包含其中，多媒体、单向媒体播放、内容下载成为买一送三的附赠品。在云时代网络更加通畅的前提下，智能功能同样会从终端移到云端，这种趋势带来无法抗拒的优势，进一步导致终端空洞化。实际上，复杂智能手机的发展就是把赌注押在网络品质永不通畅的假设上，显然，这个假设迟早不成立。因此，新一代通信网络将成为最具经济价值的战略要素。

更重要的是，未来互联网的实时性是无线微基站网络的先决条件，而微基站是未来无线宽带应用的先决条件，详见本书第6章。本章阐述如何解决未来互联网绕不开的难题，包括网络安全和可管理性，传输品质保证和实时性。本章的结论是：未来网络的基础结构必须独尊视频，未来网络是一片未开垦的处女地。

5.1 大一统网络世界观

什么是网络世界观？

这是宽带网络的灵魂，或者说是对未来网络目标的认知。

当前网络学术界最大的缺失在于没有灵魂，或者说，不知道未来网络的目标是什么。

由于文字是最高效的通信手段，或者说占用带宽最少，传统窄带思维重点关注文字类信息。也就是说，急功近利的心态导致人们过度关注窄带应用，君不见，多年以来，人们围绕着几项窄带应用而跳舞，真正的通信能力未见进步，网络却成了时尚设计的舞台。

但是，几百万年进化史告诉我们，为满足人类视觉感受所需的信息量是其他感官总和的千倍以上，这结论绝非市场调查能够左右。实际上，文字传递信息，视讯传递情感，由于不同类多媒体内容的数据量分布极度不均匀，因此，提供什么样的服务，和建设什么样的网络，必然撕裂成两个独立不相关的课题。事实上，可以毫不夸张地说，未来网络巨大流量只是为了让人眼感到舒服而已。

从进化角度看，通信交流造就了人类文明。原始人类或动物的交流方式起源于面对面的比划，即肢体动作，其实就是视觉通信。后来逐渐发展出更加高效的语言，能够在黑夜或有阻挡物的环境下交流。最终创造出人类独有的抽象文字，知识积累得以代代相传，成就了人类文明。概括起来，这是一条从具象到抽象的进化道路。工业革命后，人类发明了远程电子通信技术。伴随该项技术进步，通信内容必然先易后难，走一条抽象到具象的反向发展道路，也就是说，从文字，语言，到视讯。由此推理，实时视频通信就是人类通信网络的终极目标。

通过基本常识和简单数学推算，可以得出一个不容置疑的事实：今天，光纤带宽资源丰盛，只要少数人使用中等品质视讯服务，网络流量中90％以上成为视讯内容。尽管未来网络内容长期包含多种形式，随着使用视频人数和视频品质上升，视讯内容的比例将迅速超过99％。因此，视讯业务区别于其他传统网络应用，是一个新物种，网络架构必须独尊视频。但是，当前通信网络业界许多人不愿意接受上述事实，喜欢继续留在窄带世界中做梦。

本书认为，缺乏网络灵魂已经导致网络经济长期低迷，广大消费民众深受其害。

未来50年人类将在网络上干什么？大规模视频通信有必要吗？此类问题的答案有许多，不可能达成共识。

但是，我们根本不用猜测未来人类在网络上的行为，也不必争论视频通信有没有市场，因为，此类问题无关紧要。我们可以直接证明以下两点：

第一，只要很少人使用视频通信，网络流量几乎变成单纯的视讯，与市场大小和大部分人的网络行为无关。

第二，一旦有了视频通信，其他一切网络业务都包含在内（传统多媒体、电视播放和影视内容下载等),也就是说,实时视频通信是网络的最高形态,其真正价值在于彻底的包容和替代能力。

十多年前,我们根据下面现象,确立资源丰盛时代的网络世界观,探究背后道理,创立大一统网络理论。请看以下事实,如图 5-1 所示。

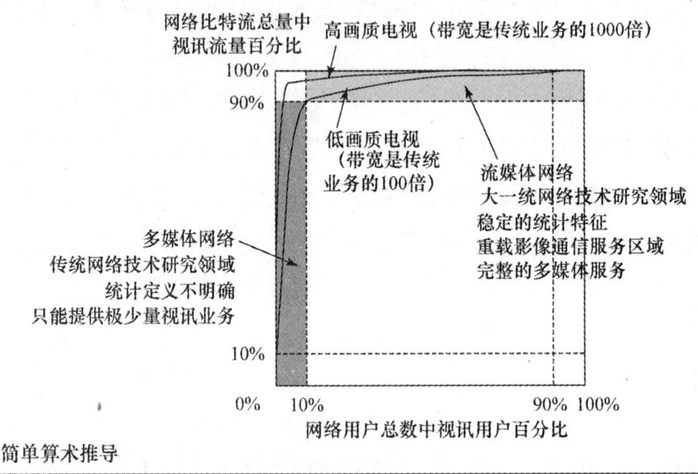

简单算术推导

假设：低画质视讯带宽是传统业务的100倍，高画质视讯带宽是传统业务的1000倍						
若在100用户中，使用视讯业务的人数为	1	2	5	10	20	50
若低画质视讯：网络总流量中视讯百分比	50%	67%	83%	91%	95%	98%
若高画质视讯：网络总流量中视讯百分比	90%	95%	98%	99%	99.5%	99.8%

图 5-1　只有视讯流媒体网络才能提供有效的多媒体服务

第一,我们已知,不同媒体形式的流量需求比例大致表述为:

简单文字=1,图音文多媒体=100,高品质视讯=10000。

第二,在视讯流量中,不同业务形式的比例大致表述为:

广播电视=1,个性化视频点播=100,个人视频交流和视频互动游戏=10000。

关于图 5-1 的详细解说:首先,建立一个平面坐标体系,横轴代表 100 位用户中有几位使用视频服务,纵轴代表 100%的网络流量中有几个百分点属于视频流量,实际上,就是使用人数与网络内容性质之间的关系。其次,假设 100 位用户中有 1、2、5、10、20、50 位用户使用视频服务,并且,进一步假设低画质视频带宽是非视频内容的 100 倍,高画质视频带宽是非视频内容的 1000 倍。然后,根据上述假设,分别计算视频内容在总流量中的百分比,得出图示表格中的数据。最后,将表格中的数据在平面坐标中标出,并连成线,不难得出图示的 2 条坐标曲线。分析得到:不论低画质还是高画质,当视频用户数在 0～10 范围内,2 条曲线均落入垂直阴影区域。当视频用户数在10～100范围内,2条曲线均落入水平阴影区域。根据互联网实际内容分析,我们已知互联网初期根本没有视频流量,当前互联网一半流量为视频内容,实际推算不足5%的用户使用视频服务。显然,在这一垂直区域,使用视频的用户百分比略有变动,将导致网络总流量中视频分量大幅波动,造成当前网络传输内容难以预测,品质难以保障。但是,一旦视频用户百分比超过5%,视频流量百分比曲线落入水平阴影区域。表示网络总流量中视频内容稳定地保持在90%以上。随着使用视频的用户数增加,以及视频画质提高,未来互联网总流量基本上全部是视频内容,或者说,就是视频流媒体网络。这个观点很容易证明,但是,当前互联网学术界对此视而不见,故意回避。

事实上,视频通信的重要性不在于其市场大小,关键是,大流量包容小流量,实时流畅包容非实时下载,双向(多向)传输包容单向,高品质包容低品质,但是反过来,上述包容性全部不成立。显而易见,能够提供大流量、实时流畅、多向传输、高品质视频通信服务的网络,已经彻底包括了其他一切网络业务。视频通信的真正价值在于自上而下覆盖和替代人类全部通信需求。当光纤技术成熟,整个网络世界将发生翻天覆地的变化。各种传统和新兴业务的融合和演变,在这一过程中,市场能见度很低。但是,几番折腾过后,尘埃落定,未来的网络世界将变得清澈而单纯,必将收敛成一个简单的视频通信网。

如果顺着思路挖下去,很快得出有趣的结论:不同媒体类型之间的巨大流量差异,必然会撕裂终端与网络原有的属性,尽管我们看到还是一张PC的脸,但是支撑整个身体的骨架会钙化成单纯的视频通信网络。因此,必须丢弃错误的多媒体网络概念,所谓的多媒体仅仅是一种用户终端的表现形式,与网络本质毫无关系。网络与终端使命不同,网络只管传输,终端只管多媒体形式的表现。就好比,电网建设只需考虑供电能力,不必关心家用电器设计。带宽按需随点,意味着网络只是连接"复杂"终端的"简单"管道。不论里面流的是水、汽油还是美酒,只有终端知道。有些专家提出,许多业务不需要视频通信的高品质也能实现,看上去大一统网络有点"浪费",实际上,这是典型的窄带思维模式。在带宽像空气一样充分的条件下,非视频和非通信的总流量微不足道。由于网络统一的优势高于一切,未来网络的大智慧就是瞄准了网络大一统的终极目标,或者说,独尊视频。

以上事实已经充分论证:未来网络就是视频通信网,即视频决定论(video dominant)。更进一步,视频通信网就是人类通信的终极网络,即视频终极论(video ultimate)。

实际上,视频决定论和视频终极论构成一个正向循环,并诱发互补性同步改进现象：

第一，未来网络中视频通信流量是一家独大，“视频通信”=“视频”+“通信”。

第二，在这一前提下，不必考虑“非视频”（多媒体），也不必考虑“非通信”（下载播放）。

第三，上述两个“不必考虑”使视频网络设计变得简单高效、高信赖、低能耗和低成本。实际上，这又轮回到语音原理，因为视频只不过是大一点的语音。

第四，上述几项经济和技术元素形成合力，反过来推动“视频通信”越滚越大。

第五，一旦“视频通信”形成规模，根据网络黑洞原理，“非视频”和“非通信”的业务就会自动吸纳进来，顺手牵羊，不战而胜。由于强大的正循环推动力，大一统网络将形成超过 20 世纪 90 年代互联网的爆发力。

5.2 Isenberg 和 Matcalfe 缺少什么

George Gilder 在 *Telecosm* 一书中提出关于通信网络的两个范例（paradigm），即电话网络和以太网，后者代表新的电脑通信，并且演变成今天的互联网。有趣的是，Gilder 讲了两个英雄式人物背叛自己前半段事业信仰的真实故事。

一个故事描述了，在电话网络阵营中，就在 AT&T 公司大做“真音电话”广告时，内部资深工程师 David Isenberg 发表了一篇轰动性文章《笨网的崛起》[16]。该文历数了传统电话网的缺陷，并竭力推崇新兴的互联网。

另一个故事说，以太网发明人 Robert Metcalfe[17]，就在以太网以及在此基础上发展起来的互联网如日中天之时，多次抛弃自己发明的典范，声称以太网已经是一项“遗产”。是的，Metcalfe 多次公开预测互联网崩溃，甚至打赌说 1996 年底互联网崩溃，为此，他当众吞下杂志封面。这是因为他看到一种新的强大的交换体系 ATM(asynchronous transfer mode)将取得普遍胜利。

我们曾在其他文章中对 ATM 及其后续发展 NGN(next generation network)和 IMS(IP multimedia subystem)等作了详细分析。ATM 在烧掉千亿美元资产后，已经彻底失败，不过对于 1996 年的 Metcalfe 来说，那是后话。

实际上，Isenberg 了解电话网，更了解电话网的缺陷，但是，他对互联网不甚了解。同样，Metcalfe 了解以太网和互联网，当然非常清楚其遗传性缺陷，但是，他对电话网不甚了解。因此，尽管他们两位都走到了真理面前，很可惜，只差一步就能跨进真理的大门。

让我们先来分析 Isenberg，他的文章深刻揭示了传统电话网络的特征，以及面临的无奈。正如他所说，电话网的进步像冰川那么慢。为什么？追究其原因，在发明电话和电脑之间的一百年，受资源限制，人类远程通信的主要需求只有语音一项。

20 世纪 80 年代，由于 PC 进步，出现新的数据通信需求，传统电话网难以适应；这是正常现象。实际上，Isenberg 提出的“笨网”，原话是“Just Deliver Bits, Stupid”，不过是一种短视理论。今天互联网就是这种笨网的后代，Apple 和 Google 似乎证明了笨网的成功。但是本书认为，Apple 和 Google 只代表了窄带应用，远不足以推动未来网络经济，两者的热门恰恰说明 20 多年笨网成就乏善可陈。

本书认为，Metcalfe 比 Isenberg 聪明得多，他敏锐地察觉到“笨网”，或者说，互联网的致命缺陷，只不过预言其崩溃的时间不够准确而已。ATM 的失败延缓了互联网的崩溃，但是，并不能掩盖互联网致命的缺陷，或者说，互联网的宿命不会因 ATM、NGN 和 IMS 的相继失败而改变。今天，IP 互联网尚未崩溃的原因是还没有找到建设未来网络的正确途径。

5.2.1　笨网理论错在哪里

仔细阅读 Isenberg 的文章，它强调了笨网的 3 点特征：

(1) 网络内部愚钝的转储传送(dumb transport)，将智能留在终端；

(2) 带宽充分；

(3) 数据自己做主(be the boss)。

在我们看来，第一，笨网不笨。什么是“笨”，其实就是尽量少用芯片运算力。

实际上，每次 PSTN 电话呼叫只需执行一次协议流程，按照电话原理，流媒体网络中不论带宽和服务时长，每次业务执行一次协议流程。相对而言，IP 网络中每个功能分布单元(power distribution unit, PDU)需要执行协议操作，运算力消耗正比于带宽和服务时长，浪费的芯片运算力在万倍以上。今天，由于芯片和光纤技术进步，传统 PSTN 管理中心的巨型电脑可以缩小至一个火柴盒，传统 PSTN 埋在地下的 4500 万吨铜线可以用光纤取代，但是，技术不能与原理混为一谈，技术进步不能否定 PSTN 曾经是最合理的网络，更重要的是不能证明 PSTN 网络原理错误。

第二，笨网不应该是乱网，未来网络绝对不能放松管理。

一旦笨网数据由自己做主，必然导致没有交通规则的道路系统，增加带宽可能减少数据冲撞，但是，同时给那些不守规矩尽力而为的流量提供了广阔的活动空间。也就是说，破坏品质的因素随带宽增加，破坏力水涨船高。20 多年历史已经证明的事实是，按照笨网理论建立的 IP 互联网永远无法承诺高品质实时视频通信,永远无法治愈品质保证和网络安全的遗传病。不是吗？人类通信网络不允许长期容忍这种局面。

我们很佩服 Gilder 在书中引用香农理论来描述未来网络结构:"要传送高熵值的内容,即意料之外的信息,你需要一个低熵值的载体,即对于你要表达信息的一个可预见的载体。或者说,你需要一张不会改变和模糊书写内容的白纸"。

必须指出,热力学第二定律和信息论中低熵的定义是"有序(order)"和"确定(certainty)",而不是"笨(dumb)";同样,高熵的定义是"无序(disorder)"和"不确定(uncertainty)",丝毫没有"聪明(intelligent)"的意思。

由此可见,Isenberg 的笨网不符合香农理论。实际上,网络结构与所传递的内容匹配就是有序、低熵、能够事半功倍;否则,必然导致无序、高熵、事倍功半。因此,忠诚、结实、有序和透明是低熵网络的固有本质。低熵不是笨网,也不是智能网,更不是先把网络弄乱,再靠聪明的算法来补救。

5.3 7层结构模型是网络弊端的总根源

今天的网络工程师们在大学里都曾学过 7 层网络结构模型,说不定还是某次考试中的题目。因此,7 层网络结构模型已经深深地印在网络工程师们的潜意识中。许多人从大学生一直熬到大学教授,从来没有质疑过这个网络模型。

本书提出 7 层结构模型是网络弊端的总根源,废弃 7 层结构模型是建设未来网络的先决条件。这一论点无疑会招来许多非议,因此,有必要从以下几方面作出充分说明:

(1) 7 层结构模型源自于窄带网络环境,今天已经无此必要。

(2) 7 层结构模型违背了网络管理的基本原则,导致不可弥补的安全漏洞。

(3) 大一统网络定义 3 层结构模型是未来网络的普遍基础。

1. 7 层结构模型源自于窄带网络环境,今天已经无此必要

产生 7 层网络模型的历史原因,可以归纳为以下几点:

首先,20 世纪 70 年代早期,电脑之间的连接刚刚起步。那时的网络环境很差,主要表现在速率极低、严重误码、丢包、延迟以及价格贵等。电脑文件远程传输过程中,每一段的错误率高,导致多段传输难以一次性完成。因此,必须借助网络中的节点对所传送的内容进行分段复杂处理,例如,当时流行的 X.25 协议要求在每一小段连接电路中执行独立检错和重发功能,即所谓的链路层,并称该小段连接为"可靠的"网络。

今天，网络技术环境已经大大改善，我们对网络的要求不仅在“可靠的”结果，还要求“流畅的”过程。因此，网络设备没有必要，也不应该干预传输内容。

其次，电脑网络发展从局域网到广域网。在发展初期有许多种局域网格式，例如，以太网、令牌环、令牌总线等。为了使所有电脑文件能够通过统一网络参与交换，必须在各种局域网之上开发一种高层的网间网络，即后来的IP协议层。

今天，我们规划未来网络时，不存在这种先入为主的局域网限制，所以网间网(也称网络层或IP层)纯属多余，可以省去。

最后，7层结构还有一张王牌，即所谓的开放结构，有助于不同局部设备和软件兼容。

今天，由于技术进步，设备集成度大幅提高，7层模型中第3至7层的相关功能已经集中在终端内部执行。所谓兼容性问题，早已被成熟的功能模块所取代。本书不再重复7层结构详细内容，事实是，第3至7层可以完全退缩为一层。至于这些层次所负担的任务在终端内部是否分层，如何实现，纯属终端设计范畴，与网络结构全然无关。

其实，7层网络结构模型从定义的第一天起，就从来没有完全实行过。未来将更加没有实施的可能。综上所述，7层网络模型是40年前窄带思维的产物，曾经有过正面意义，今天已经毫无必要。但是，作为历史遗迹保留又有何妨，为什么一定要拆除呢？请看下文。

2. 7层结构模型违背了网络管理的基本原则，导致不可弥补的安全漏洞

为了明确论述这一基本原则，让我们先引入几个网络新概念：

(1) **协议路径**：数据包应该走的路径，假设用户都能按规矩行事。

(2) **非协议路径**：除了协议路径，数据包可能走的地方，黑客或异常情况导致不该出现的数据流。或者说，网络中任意数据包游离于协议路径之外均被定义为非协议路径。

(3) **本质上可管理性**：依靠网络结构管理，排除非协议路径，而不是依赖用户终端自觉执行网络协议的规定。本质上可管理性直接关系到网络安全、品质保障和商业模式。

互联网初期目标只是学术文件的交流平台，未来网络将面向全社会，提供全方位服务。

7层模型致命的败笔就是它的设计出发点假设网络用户都是好人，会老老实实地遵守网络协议，完全没有考虑不按理出牌的破坏者，如黑客。实际上，网络管理绝对不能依赖用户的道德标准，网络设计必须假设任意用户都可能是黑客，千方百计企图攻击网络。这些攻击有的出于商业或政治目的，有的纯粹恶搞；有的攻击有明确目标，有的故意制造大量无目标的垃圾流量；有的因网络用户缺乏协调造成的流量过载而干扰网络传输品质；有的窃取版权内容、机密或隐私信息；有的匿名散布攻击个人或扰乱社会秩序的内容。因此，一方面，未来网络必须从结构上杜绝一切非协议路径，另一方面，确保协议路径畅通无阻。

实际上，7层网络结构模型仅仅站在设备制造商的角度，想象出一些与用户无关的好处，完全忽略了网络安全的基本原则。本质上可管理性是实现网络安全的基本保证，IP互联网正是缺失了最重要的可管理性，导致今天不可救药的混乱局面。

有人会想出许多理由来增加网络结构层次，或者认为7层协议中的某一层还有存在的必要，这些理由可能有道理。但是，反过来我们面临一个不能回避的选择：网络安全、简化软件设计和更加漂亮地解释网络结构，哪一项不可以放弃？显然，小道理服从大道理，与网络本质上可管理性相比，任何其他理由都是微不足道。

3. 大一统网络定义3层结构模型是未来网络的普遍基础

大一统网络定义了3层结构模型，它们分别是：物理层、数据层和应用层。

首先，由于物理媒介可以有许多种，例如，不同频率的电磁波表现为光、电、磁等媒介，不同传播方式还可分为波导（有线）和自由空间（无线）传递。另外，物理媒介必须通过专用的机械接插件实现连接。因此，网络系统必须具备物理层，包括传输媒介和连接件。

其次，物理媒介必须通过特定的转换才能变成有逻辑意义的数据。我们可以将不同性质和不同空间的物理层转换成统一的数据包格式，例如，分组数据包，实现全网通达。因此，网络系统必须具备数据层，用来屏蔽不同规格的物理层，并实现全网数据的畅通连接。

最后，有了数据层，我们可以在全网任意点间传递数据。但是，实际的数据传递必须限定在用户意愿的范围之内。也就是说，在规定范围之内确保应该有的数据畅通无阻，在规定范围之外禁止不该有的数据出现。简单说，确保数据流通称为应用，禁止数据流通称为管理。在大一统网络中，管理和应用融为一体，为了方便起见，通称为应用。因此，网络系统必须具备应用层，实现网络的可管理性，使得全网通达的数据层按照用户意愿提供网络服务。

大一统网络的3层结构，配合其他措施，切断网络黑客的生命线，是实现网络安全目标的充分条件。实际上，在数据层与应用层之间插入任意网络结构，用户就有可能随意发送数据包而不受管理层限制，这将不可避免地导致非协议路径的产生。因此，应用层(管理层)必须紧贴着数据层，这是杜绝非协议路径，实现网络本质上可管理性的必要条件。

若要实现真正的网络安全，唯一途径是按照上述基本原理，废弃 7 层网络结构模型，将管理直接加诸于未经处理的用户原始数据。因此，大一统网络 3 层结构是不能妥协的建网方案。少一层不成系统，多一层必将带来无尽的弊端。

5.4　互联网 IP 协议和路由器是大一统网络的绊脚石

要证明一件事正确，你需要从各方面提供严密的依据。但是，要证明一件事错误，只要一条致命的证据就足够了。

视频通信业务的低能，就是否定 IP 互联网论据的基础。不管 IP 互联网的成就有多大，那都是过去的事，已经是历史。请读者注意，一旦 IP 互联网失守视频通信，其他业务也会跟着大面积流失，这就是“网络黑洞效应”。

我们必须清醒地认识到，无所不达的网络基础设施(资源)和令人眼花缭乱网络业务(需求)是真正的主人，网络技术(工具)只是一个经纪人而已。主人雇用经纪人为其服务，而不是任由经纪人当家做主，听其摆布。许多年前，IP 网络技术伺候老主人(电脑文件)还算舒服。如今，新主人(视讯)品味不同了，换个经纪人是理所当然的事。

今天的实际情况是，那些在互联网上开发各种应用的人们被告知网络根基牢固，另一方面，那些互联网的建设者们天真地以为现有网络是万能的。事实上，双方的行为相互建立在对方的假设之上，可惜的是，这两种假设都站不住脚，必然导致整个网络体系土崩瓦解。

根据网络二元论，以文件传输为基础的 IP 互联网和以视频通信为基础的大一统互联网，这两类网络的差异是原理性的，两种思路南辕北辙，不具备改良的可能。因此，必须彻底否定 IP 网络理论和技术。是的，我是说 100％否定，就像 IP 网络曾经 100％否定了具有百年历史的传统电话网络理论。

今天，随便拿一本介绍 IP 网络技术的教科书从第一页翻到最后，我们认为，30 多年来以电报为基础的 IP 互联网全部理论和几乎全部技术，都不会延续到未来以视频通信为基础的大一统网络，就好比制造马车的书不能用来设计汽车。

5.4.1　四段通俗故事揭示 IP 互联网真相

首先强调，这些故事听起来不可思议，不过细细品味，不难发现这里已经明白地揭示了当代通信和互联网深奥的核心事实。

1. 揭示 IP 互联网的核心理论

过去 100 多年来，人类生活在有序的网络环境中。突然有一天，一帮不守秩序的人破坏了长久以来的排队习惯，发明所谓的"尽力而为"手段，为他们占尽便宜。与尽力而为形影相随的还有两大帮凶，即所谓的"存储转发"和"永远在线"。我们把这三种技术统称为"IP 三兄弟"。存储转发是为了巩固尽力而为抢来的资源，永远在线阻碍了别人公平竞争的机会。由于他们见缝插针的霸道行为，"IP 三兄弟"夺取了巨大的利益，并在气势上把持了当前整个网络世界，这就是 IP 互联网的基本原理和真实写照。

附注：当然，IP 网络理论和技术是一个完整复杂的体系，但是，其核心部分就是"尽力而为"、"存储转发"和"永远在线"，约占全部理论 70％的重要性。

2. IP 互联网不能治愈的遗传病

其实外界看不出来，面对人类自古就有的视频交流愿望，"IP 三兄弟"根本没有能力满足这个视讯需求。他们内心深处惶惶不可终日，只能不断地施放烟幕来欺骗和迷惑不明真相的消费者，好像高品质视讯网络明天就会兑现。不幸地，这仅是一个不断重复的谎言。

另外，与"IP 三兄弟"相同师傅教出来的一群小流氓(黑客)，不断趁火打劫，抢占地盘，搅得老大哥头痛不已。大部分胆小怕事的人们无奈地把"IP 三兄弟"奉为救世的菩萨，这些善良的庙前香客们哪里知道，其实，那些猖獗的黑客们都是"IP 三兄弟"的同门弟子。因此，只要赶走"IP 三兄弟"，那些破坏网络安全和品质的小流氓就会跟着树倒猢狲散。

注意：以上场景真实地描述当前 IP 互联网两大不可治愈的遗传病：缺乏实时视讯能力和混乱的网络秩序。

3. 大一统网络理论是 IP 网络的克星

以视频通信为基础的大一统网络理论在这个时候站出来挑战"IP 三兄弟"。彻底否定了 IP 网络的全部理论和技术，是的，再说一遍：100％否定，因此，创新网络理论就是"IP 三兄弟"的克星，或终结者(terminator)。

如何提供高品质服务是困扰 IP 互联网 20 多年的难题，至今解决无望。实际上，只需一句话就轻易化解："创造高品质不如排除低品质"。我们根本不用去考虑如何提高品质，所谓网络 QoS 本身就是一个愚蠢的课题。100 多年的通信网络世界本来全部都是"高品质"，为什么不问一问怎么会产生"低品质"？答案就是不按规矩的尽力而为，只要排除尽力而为，恢复原来的有序习惯，没有了那些坏品质，剩下的不就自然回归到本来的好品质。

大一统互联网恢复有序的手段称为“均流”，均流效果是每项业务可独立申请任意带宽，并消灭丢包现象。

其次，“存储转发“这个帮凶导致网络业务不可容忍的延时，大一统互联网的对策是“透明”，就是消除不必要的中间环节，为衔接未来全光网奠定了基础。

最后发现，IP 三兄弟中的“永远在线（免除拨号）”不过是骗人的把戏。以今天的电脑能力，自动拨号这点区区小事，何劳用户操心。

大一统互联网恢复网络秩序的另一项重要手段称为“准入”。其实，“准入”手段就是恢复原来的拨号上网，因为，“拨号”是管理的抓手。在“自动拨号”过程中自然融入网络安全、权限控制、内容计费、资源分配等一系列个性化和商业化管理措施。对于善良的消费者来说，“拨号”只是瞬间悄然无声的自动化过程。但是，对于那些不守规矩的黑客之类，包括那批追随“IP 三兄弟”的小流氓来说，“拨号准入”就是一道过不去的铜墙铁壁。

显然，彻底解决品质保证和网络安全的互联网弊病之后，大一统网络水到渠成。

4. 如何建设未来网络

今天貌似强大的 IP 互联网体系中，各项复杂技术环环相扣，其中十分之九属于治标不治本的“补丁”。由于有些“笨办法”，主要源自尽力而为的天真想法，导致网络出点小毛病。就有人用“笨笨办法”来解决，导致更多毛病，再引出“笨笨笨办法”，如此循环，导致今天网络弊病无人能治。我们的药方很简单，采用“退回去重新选择”的方法，也就是说只要割除网络机体上失去控制的“IP 三兄弟”毒瘤，回归和谐的网络环境。根据大一统互联网理论，建设未来网络的方向是降低网络熵值。也就是说，平稳地拆除当前的 IP 互联网在过去 30 年沉淀的有害废物，疏通网络经济管道中的拥塞环节。通过这样的手术，可以负责任地得出结论，只要回归自然，今天网络世界的一切麻烦都将烟消云散。

更有甚者，“IP 三兄弟”不仅制造了无解的弊端，而且伴随着昂贵的设备成本。在带宽资源充分的条件下，继续容忍“IP 三兄弟”，实际上是花冤枉的钱，买伤命的事。今天的光纤技术告诉我们，网络建设成本在于连接，而不是带宽。也就是说，一旦光缆连接通信设备实体，提供多少带宽与建设成本关系不大。事实上，大部分网络专家还不知道，采用大一统互联网技术提供高品质实时流畅的视频业务，比 IP 技术品质低劣的视频下载还要便宜得多。

回顾前述 4 段故事，大一统互联网理论的特征在于使未来网络世界变模糊为清晰，化复杂为简单。我们不难发现大一统互联网的核心要素“均流”、“透明”和

"准入",是具有百年历史的电话网络固有的本质。因此,大一统互联网的成就在于恢复网络原有的秩序。

伴随着上述通俗故事,实际上已经完成了未来大一统互联网的设计蓝图。今天,通信网络行业的学者专家们说,新的网络体系需要在现实世界中通过大规模的试验来评估。其实,30 年铁一般的事实已经证明,IP 网络理论的遗传性缺陷无法治愈。然而,在漫长的岁月中,电话网络理论牢不可破。过去 100 多年来,尽管技术手段日新月异,但是基本原理没有变。

互联网将成为人类社会生活中密不可分的一部分。几百年后,历史文献可能会如此描述通信网络的发展过程:"人类的语音通信网络开始于 19 世纪 80 年代。21 世纪之交,网络世界患了一场叫做 IP 的疾病,该疾病导致网络管理失调,广受外界病毒侵扰,出现频繁丢包症状。后来幸好用一种称为大一统网络的方法治好了。从此以后,人类通信网络终于全面过渡到了视讯时代"。故事就这样讲完了。

5.4.2 IP 路由器错在哪里

当前,高性能路由器根据具体应用调整网络品质的 QoS 技术,电信 ATM、NGN 和 IMS 的分类业务,都降低了网络透明度,因此,注定都是高熵网络。30 年来,IP 互联网遭遇的一切麻烦,与 Isenberg 笔下的 PSTN 如出一辙,其根源就是掉进了笨网的错误理论。IP 互联网消耗了百万倍的芯片资源(运算力)造成一片乱象,狡猾和捉摸不定的黑盒子,与未来全光网理念背道而驰,成就了有史以来最高熵值的网络架构。大一统的网络理论归结到一点,就是把网络熵值降到最低。

今天,高性能路由器理论还在不断提升网络熵值。但是,本书认为,这些看似复杂的高性能路由器技术,实际幼稚可笑。因为,建立大一统的互联网,其实根本不需要路由器!

不信吗? 试问 1977 年全球自动交换的数字式电话网络已经深入家庭,哪来的路由器? 那时,微处理机刚刚发明,IBM PC 还要等 3 年以后才出世呢。

我们知道,通信网络的基础资源是带宽和运算力(芯片)。由于光纤技术进步,网络带宽资源的发展速度已经超过了芯片,因此,今天制约网络发展的瓶颈在于芯片技术。进一步分析,网络中芯片资源最集中的就是路由器,这也是互联网最重要的设备。

今天网络工业将巨大资源投入所谓的高性能路由器研发,但是,仔细分析高性能路由器的关键技术,不难发现这些技术无一不依赖于更多芯片的堆积。因此,注定了继续加重网络瓶颈,成为日益严重的累赘。显然,单凭这一条就足以宣称这些路由器技术不是长久之计。

让我们先来分解路由器结构，实际上，约95%的芯片资源集中在3大功能模块：

(1) **路由表**：包括每次建立连接时计算路由，以及每个数据PDU转发时查询路由表。

(2) **缓冲存储器**：为了满足TCP协议正常工作，至少保存0.25秒总流量的缓存数据。

(3) **多种智能操作**：包括分类、仲裁、排队、调度和各类判断功能。

由于本书篇幅有限，我们不想为这些历史遗留的技术浪费笔墨。因此，只用几句话指出上述技术的本质错误，网络理论高手看了这些提示，足以理解路由器的宿命。

1. 路由表是多余的累赘

受限于互联网初期的历史条件，网络地址（IP地址）同时代表了用户身份和用户终端位置。并且，网络地址归属于用户终端，因此，不得不由终端将自己的地址告诉网络。如同出门在外，背着自家门牌号码走街串巷，导致通信联络难题。为了让别人在拥挤的城市中找到他们，于是发明了所谓的路由器。

本书认为，有必要对互联网IP地址体系结构作两项深度改造：

(1) 用户终端的身份必须独立于与网络拓扑位置，并由网络告诉终端当前的地址。

(2) 网络地址按拓扑位置分级设定，如传统电话PSTN，用局部地址执行交换功能。

实际上，网络地址好比是街道地址，归网络所有，只是授予用户终端临时使用权。因此，我们只需一张事先印好的地图，完全没有必要引入路由表。另一方面，当前IP地址结构直接导致网络安全难以弥补的重大漏洞。

2. 缓冲存储器是多余的累赘

由于IP网络采用"尽力而为"的传输方式，必然导致网络流量紊乱；为了防止数据包丢失，只得借助于缓冲存储器；可惜存储器容量有限，不得不再发明TCP流量控制算法。不难看出，所有这一系列无奈举措的根源就是"尽力而为"，只要废除尽力而为和TCP流控算法，执行大一统互联网的"均流"和"准入"措施，一切麻烦自然烟消云散。大一统互联网交换机中只需保留1%缓存器容量就能避免丢包现象。

至于说，"尽力而为"能够提高网络效率的传说，只能适用于简单封闭的网络。因此，只是一个笑话而已，如果读者有兴趣，可以自行证明其谬误。顺便说，路由器的缓冲存储器严重破坏了网络的实时性，去除路由缓存器后，网络丢包和延迟现象将自然消失。

3. 智能操作是多余的累赘

路由器智能操作主要是为了根据不同类型的数据流提供不同优先的服务级别。据说这样就可以提供服务品质保证，事实是，这个幼稚的谎言竟然迷惑了无数个网络技术专家。基本常识告诉我们，所谓优先的前提是只能为少数人服务，如果多数人都是 VIP，实际上，等于没有 VIP。未来网络面临的事实是：需要品质保证的"优先"视频服务占据网络总流量的绝大部分。显而易见，不应该用复杂的算法提供 VIP 优先服务，其实只要简单排除低品质，剩下的全部都成了高品质。因此，大一统互联网彻底废除路由器中的所有智能操作，得到一个彻底品质保证的简单网络，并且，能够与未来全光网络完美无缝连接。

综上所述，无论多么先进的路由器都不能实现云时代大一统互联网的使命。如果读者觉得上述解释不够充分，希望追根究底，那么，可能需要多篇博士论文来说清楚，我们愿意为有志者提供专门解答。不论读者如何评价，路由器原理与未来的全光网络背道而驰，因此，必然成为历史。请相信，未来互联网中不会有路由器存在。

5.4.3 IP 视讯服务还有多远

今天的 PC 和 IP 互联网上好像什么事都有，什么活都能干。当然，用电脑可以模仿任何东西，连原子弹都可模拟试爆，还有什么办不到？问题是，看似漂亮的花拳绣腿，管用吗？

1. 就技术而言

今天，从 VoIP，如经常停顿的 Skype（占用带宽约 20Kbps），到互联网中等观赏画质的同步视讯通信（占用带宽约 2Mbps），至少需要扩容 100 倍。另外，IP 互联网非同步视频下载以 YouTube 为例，平均带宽 300Kbps，影片时长 5 分钟，到有线电视品质的部落格至少需要扩容 100 倍。也就是说，今天全部 IP 互联网的能力还不到中等水平视讯网络的 1%，很明显，仅凭 1% 的能力，断定 IP 技术在未来网络结构的取向为时过早。

未来网络将用什么技术，当然还要在擂台上见分晓。

2. 就经济性而言

我们知道，人们乐于使用 Skype 的主要原因是不花钱。另一方面，有数据显示，YouTube 用户每年每户贡献的广告收入远低于有线电视的用户月租费，不足以应付运营开支。

实际上，品质低劣的 YouTube 如此受欢迎，只能是告诉我们一条道理：视频是未来网络的希望所在。但是，未来网络不会是像 YouTube 这类视频。

3. 就可操作性而言

更有甚者，IP 互联网的安全、品质和管理三大老毛病，没有人知道何时能够治好。这些问题不解决，无法建立健康的商业模式，没有合理的现金流，就算网络再扩容几百倍也没用。

如此大的升级缺口和如此大的弊病，需要花费多少时间和金钱？谁愿意为此买单？

所以本书认为，IP 互联网上高品质视频通信服务只是一个海市蜃楼。

30 年历史已经证明，IP 互联网永远无法承诺高品质实时视频通信，永远无法治愈品质保证和网络安全的遗传病。可是，人类通信网络能够永远容忍这种局面吗？

不幸的是，如果 IP 互联网守不住视频通信这个球门，就算现在已有的 IP 互联网业务也会大面积流失。因为，任何网络都有收敛本性"赢家通吃和一网打尽"，也就是说，本书提出的"网络黑洞效应"。

今天，电话业务向 IP 电脑网迁徙，并不是 IP 电话比传统电话好，而是网络黑洞效应所致。

IP 互联网得以生存的原因是还没有找到正确的理论和技术。ATM、NGN 和 ISM 的相继失败延缓了 IP 互联网的寿命。值得注意，上述网络诉求中都明确包含了视频通信业务，只可惜，误入了多媒体陷阱。因此，一旦大一统视讯网络达到可用阶段，电话业务和电脑信息服务再次向电视网络迁徙，将基于相同的黑洞效应。PSTN 电话网络遭遇到的尴尬事，也将同样不可避免地在 IP 互联网上重演。

5.5　IPv6(NGI)回天无力

今天，新一代互联网是个热门话题，战略价值不言而喻，学术界分为三大派别：

(1) **改革派**：主张继续在现有互联网的基础上改进，或者说，补丁叠补丁。

(2) **重建派**：主张推倒重来，以 GENI 为代表。

(3) **折衷派**：主张采用折衷的 IPv6(internet protocol version 6)方案，或者称，下一代互联网(next generation internet，NGI)。

但是，改革派不知道如何改，重建派不知道如何建，他们都拿不出一个切实可行的解决方案。折衷派的方案(IPv6)不能解决潜在的主要问题，而且，既贵又无法与现有网络融合，因此，前途渺茫。其实IPv6不是什么新技术，它是上世纪90年代初酝酿的产物，当时光纤技术尚未成熟，还没有规划大规模网络电视的应用。IPv6仅仅是对IPv4的局部改进，其致命伤是与IPv4不兼容，而且与IPv4市场重叠，缺乏创造新价值的空间。发展IPv6意味着重新建网，丢弃所有IPv4设备。由于IPv4不断自身改良，造成IPv6长期束之高阁，没有出头的机会。今天的网络环境（光纤）和需求（视频）与当年大不一样，IPv4不能应对下一代的新需求，并不代表IPv6就有机会。实际上，IPv6的整个设计没有跳出窄带思维模式的束缚。对于IPv4的安全、品质和管理问题，IPv6尽管"有所改善"但是并没有根治，无非是增加了黑客的攻击难度。只要黑客们水平提高一点，甚至提供"专业级"的黑客软件，同步改善攻击工具。毫无疑问，巨额投资过后，只要时机一到，原有的混乱局面都会卷土重来。

另外，尽管IPv6只是对现有互联网略有改进，推广IPv6遭遇的困难已经使专家们束手无策。经过多年苦苦搜索，提出两大类没有实际价值的过渡方案：

(1) 所谓的隧道方案：显然，由IPv4承载IPv6，整体网络性能和规模不可能超过IPv4，因此，IPv6的优势无从发挥，反而成了画蛇添足。

(2) 所谓的双模方案：意味着，IPv6只能在局部地区使用。失去了互联网的广泛通达性，IPv6自然成了无本之木。

衡量一项技术的价值可以从两方面入手，第一，对网络性能有所"改善"的新技术，哪怕是小改善都好，但必须与原有系统兼容，否则，改善是没有价值的。第二，如果具备了称得上更新换代的大突破，那么在新系统上，"兼容"就没有必要。显然，IPv6两者都不是。

投资IPv6是花"革命"的代价，收"改良"的效果。IPv6仅解一时之需，重建一项改良技术是极大的浪费，并为未来网络埋下灾难的种子。

欧洲深具影响力的大众科学杂志《新发现》在2009年3月号上发表Vincent Nouyrigat的文章《互联网崩溃》[18]，阐述了3大事实：

(1) 互联网遭遇的困境远比想象的更加严重。

(2) 当前采用的反制措施远比想象的更加无效。

(3) 改造互联网的可能性远比想象的更加困难。

事实上，关于互联网崩溃的争论已经延续了20年，毫无结果。但有趣的是，争论双方竟然有20年的共识：IP互联网弊端严重，同时IP互联网不可替代。

本书认为，其实事情并不复杂，只要树立正确的网络世界观，所有难题都将迎刃而解。根据网络二元论，互联网的改革方向是采用"电话模式"，除此之外，别无他途。

5.6　迷失方向的 GENI：网络学术误区

美国国家科学基金会(national science foundation，NSF)曾经是推动早期互联网发展的主要力量。

由于受到 20 世纪 70 年代设计的束缚，今天的互联网在安全及其他许多方面都存在严重缺陷。这些缺陷无法通过局部修改来纠正，因此，整体重新规划已经势在必行。探索未来网络架构的努力长期以来受到关注，2005 年，NSF 再次发力，设立了未来互联网网络设计(future internet network design，FIND)和全球网络创新环境(global environment for networking innovation，GENI)两项计划。欧洲也不甘寂寞，2008 年设立了未来互联网研究和实验计划(future internet research and experimentation，FIRE)。

引述 GENI 计划首任主任 Peter Freeman 在 2005 年 12 月 9 日的报告摘录[19]："包括互联网发明人在内，最有知识的网络专家们得出的根本结论是：由于现有互联网架构上的限制，难以或甚至不可能满足 2010—2020 期间的网络要求，其中包括 IPv6，不管它在近期有多少价值。国家科学基金会有支持基础研究的责任，我们相信最好的方法是根据今天的技术和逐步清晰的需求，在一张白纸上重新构思未来网络。我们相信这种'重起炉灶(clean slate)'方法所能产生的思想，将使今天的网络演变到未来的互联网。"奇怪的是，不知什么原因，Freeman 在后来的报告中删除了上面这段指导性论述。

GENI 代表了网络学术界的动态，按理说，不断有创新概念和理论涌现出来。但是，5 年多来发表的论文中看不到实质性进展。从 GENI 纲领性文件"GENI 研究计划(文件号 GDD－06－28)"中可以看出，研究人员背负着沉重的包袱，先入为主地以为未来的互联网一定比今天复杂，不幸作茧自缚。

尽管 GENI 对未来网络开展全方位的研究，但是，整体上没有明确目标，看不到内在联系，缺乏可操作性。通过浏览 GENI 发表的数十篇设计文件和数百个研究项目，以及最新的宣传文档，基本上与当前互联网大同小异，看不出明显的差别，几乎都局限于"窄带思维模式"。本书认为，GENI 与当前 IP 互联网出自同一个理论源头，即"Netheads"，在学术界封闭的思维环境中，形成几十年近亲繁殖。实际上，沿着今天互联网的思路，根本不可能解决今天互联网的难题。从哲理上说，就是不识庐山真面目，只缘身在此山中。

显然，GENI 忘记了一些历史事实：Bell 电话不是源自电报技术；20 多年前，

NSF首次推动互联网时，没有依赖AT&T及其电信技术。今天，如果GENI的目标是“重起炉灶”建新网，那么，如同制造汽车不用马车技术，新互联网显然不会源自现有的互联网技术，或者说，必须跳出传统的框架。这不是意外，而是规律。GENI错误地把建设新一代互联网的希望寄托在传统网络学术界，实际上，就是把制造汽车的任务委托给一大群熟练的马车工匠。

其实，自从Freeman删除了2005年12月9日的报告中的精辟论断（幸好我们保留了原始文件），GENI计划就走上了一条向传统网络投降的不归路。GENI发起的初衷是创新网络理论，但是，实际上只是试图在陈旧的网络概念上添加新装置。很可惜，GENI研究者们不知道什么该做，什么不该做，研究方向陷入了两个严重的误区。

5.6.1 黑洞效应就是通信网络的归宿

首先，GENI看不清未来网络核心目标是从“知性内容”转向“感性内容”的大趋势，忽略了寻找未来产业需求的海洋，只在一些具体应用枝节问题上纠缠不清。详见本书第2.3节。可能有人会说，互联网的核心业务在桌面和手持终端的信息处理，不是视讯。但是，没有人会否认未来的客厅视讯网络将高度互动。到那时，如果回头看历史，我们会后悔当初关于多媒体网络和单向内容下载等幼稚行为，我们会真诚地接受电脑网络不能独立存在的事实。

原因很简单，一个流量规模为百倍以上的视讯巨人就像一个黑洞，吞噬周边其他小流量业务。不管未来互联网的核心业务是什么，只要视讯流行起来，网络传输的数据类型迅速向单一化的视讯内容倾斜，电脑信息服务逃不过下降为附庸的宿命。实际上，高品质视频通信所到之处，其他任何网络业务，包括云计算和物联网，无论多么巧妙的设计，都不可能独立成网，至少在经济性上如此。

根据网络黑洞效应，视频通信网络将冲击和替代过去几十年全部网络业务，包括语音电话、多媒体、单向播放、内容下载，还包括无线业务。实际上，只要目标明确，一旦网络业务聚焦和单纯了，我们就会发现，通信网络上的服务突然变得空前丰富，今天互联网遇到的难题换一种思路均可避免。也就是说，难题都不存在了，根本就不需要解决。面对这样的现实，继续为改良还是推翻传统网络理论争论不休，导致未来网络发展方向不确定，直接影响到千亿元的巨额投资，影响到网络经济，甚至社会的发展前途。

如果我们抛开争议，假设视频业务已经普及，再回头看那时网络的状态，毫无疑问，那时非视频业务的总和不足以占据网络流量的1%。也就是说，实时视频通信将占据未来网络流量的99%以上，历史的潮流谁也挡不住。

不难看出，网络黑洞效应是建立在几百万年人体生理结构进化的基础上，与具体技术和市场无关，因此，是指导未来几百年网络建设的准则。今天，我们设立了许多缺乏战略观的长期计划，如：FIND、GENI、FIRE 等，无数大学正在教授电脑网络课程，所有努力目标就是寻找和设计一个最好的电脑网络。但是，网络黑洞效应明确指出，我们根本没有机会去设计新的电脑网络。未来除了视频通信，根本不会存在独立的电脑网络，我们所面对的问题只是如何在视频通信网络上开展电脑应用业务而已。

5.6.2　网络不是电脑

其次，作为一个网络计划，GENI 深深地卷入了不该惹的麻烦，不明智地将本该属于电脑终端的任务揽到网络身上。也就是说，看不清网络和电脑的差异，将原本简单的网络问题想象为复杂的电脑业务。

为了进一步澄清网络与电脑的关系，让我们回到 1984 年 SUN 公司的解释[20]：电脑的能力并不在于电脑本身，网络才是展示这一力量的途径。“网络就是电脑”意味着所有系统结成一个庞大的资源协同与合作体。今天，云计算进一步提出“终端设备之外就是云”，基本上继承了相同的理念。

本书认为，如果站在电脑的狭隘角度看，这一观点充分强调了网络的重要性。但是，将网络纳入电脑的范畴，或者云计算的范畴，忽略了网络在逻辑和技术上的独立性。

那么，“网络就是电脑”的概念简化有什么不良后果呢？

只要与大一统网络世界观所提出的“透明通道”概念一比，就可知道答案。

云计算站在服务器角度，透过无所不达的网络向任何人、任何时间、任何地点传递“信息”。也就是说，云计算强调的是服务器（或服务中心）的信息运算和存储能力。大一统理论站在网络角度，通过透明网络通道连接服务器（或服务中心）和用户终端，实现不失真的内容传递“过程”，大一统网络强调过程透明和不失真（包括丢包、延时和抖动）。重要的是，消费者通常要求免费的“信息”，但是，愿意为感觉良好的“过程”买单。因此，“网络就是电脑”与“网络不是电脑”不存在对与错之分，只是在不同立场上看到的现象而已。根据大一统网络世界观，应该强调“网络不是电脑”。举例来说，现在的洗衣机里都装了电脑（CPU），但是，我们不能说洗衣机就是电脑。

尤其进入带宽丰盛的 Telecosm 时代，两者功能更加向两极分化。电脑将更加聪明，而网络将变成“低熵”。实际上，网络和电脑就如同电力系统和家用电器的关系，建设什么样的网络，和提供什么样的网络应用，是两个不相关的问题。通信网络专注于传输数据，应该完全“忘记”终端，千万不要插手干预终端业务。好比是，建设电力系统，不必关心家电技术。另一方面，在透明网络上，强大的服务能力取决于电脑的聪明程度。电脑专注于提供消费者服务，应该完全“忘记”网络，即不必关心网络性能。好比是，设计家用电器者，不必关心供电系统。

未来网络发展的关键是破除迷信和陈旧的思维模式，也就是说，拆除现有互联网错误的理论基础。未来网络不是扩大业务范围，追求所谓的多媒体(这是终端的任务)。相反，未来网络应该缩小，或者准确地说聚焦业务范围，专心致志做好视讯一件事，或者准确地说提供适合视频通信业务的透明带宽。当前网络创新的重点就是把现有网络中的有害生物统统拆除，把网络对承载流量的干扰和破坏降到最少，设计“简单为真”的网络平台。

根据大一统网络世界观和设计思路，未来的互联网将比今天的互联网更为简单，实际上要简单得多。GENI 众多的研究项目在微观上(1%流量)似乎都有道理，都堪称高效率的设计，但是，在宏观上(99%流量)几乎都没有存在的必要，甚至带来极大的伤害。本书认为，GENI 在一个错误的战场上虚耗精力。

5.7 未来网络发展观

根据前述的网络世界观，视频通信是有和无，而不是多和少的问题。也就是说，只要有少数人使用高品质视频通信，建设大一统的视讯网络不可避免。

可是，关于如何建设视讯网络仍有不同的途径，或者说，必须确立方法论。

不幸的是，当前通信和互联网工业同时陷入“多媒体网络”、“IP 网络”、和“智能化网络”三大陷阱，直接导致 2002 年的网络科技股泡沫破裂，成为 2008 年金融海啸的前奏，世界经济至今难以复苏。如此惨痛的教训，不可不察。

健康发展未来网络必须调整建网思路，跳出上述三大陷阱。新系统必须依靠创造来实现，墨守成规难有收获。大一统网络令人震惊的性能价格比优势远远超过行业专家们的想象力。

5.7.1 从 ATM 看 NGN 再看 IMS，跳出“多媒体网络”陷阱

2007 年春，全球 NGN 高峰论坛在北京举行。

高汉中先生曾在 2003 年 2 月《电信科学》杂志上发表文章指出，NGN 不能提供下一代视频服务。如今，多年过去了，NGN 长大了吗?

NGN 的最大卖点是改善传统电话，但是，这只是站在运营商立场上，单方面想象出来的优点。如果站在用户角度，电话已经满意，进一步改善无关紧要，关键是

有没有什么值得称作“下一代”的服务。消费者购买 NGN 服务的理由在哪里呢？

尽管有各大公司支持 NGN，不要忘了 ATM 的前车之鉴。当初的 ATM 网络被称为超级信息高速公路，大批电信设备厂商积极参与，其势力远大于今天的 NGN，但是惨败于非电信的 IP 互联网。（注：本书所述 ATM 是异步网络交换技术，不同于银行 ATM 自动柜员机。）

当前电信运营商热衷于部署 NGN 和软交换技术，与 30 年前发明的四类和五类程控电话交换机相比，软交换机确实有所进步。但是，云时代通信网络的目标是把语音提升到全方位的视讯服务，覆盖了个性化电视的全部内容。如果高品质视频的传输与交换成本降低到传统语音的水平，那么，语音通信还值多少呢？

实际上，新兴运营商（competitive local exchange carrier，CLEC）的取胜之道是成为“个性化电视和视频通信”的先行者，避免与老电信（incumbent local exchange carrier，ILEC）竞争“传统电话”业务。须知，电视做好了，电话自然会来。有道是：欲争电话业务，寄身电视网路，不必锦上添花，唯有低价一途。

如果说，NGN 还处于探索阶段，2007 年的高峰论坛又冒出一种新观点：IMS 呈现出更好的应用前景，大有取代 NGN 之势。够了，没完没了还要折腾到几时。

高汉中先生青年时代，曾在 M/A COM 研究中心任研发工程师，那时就十分关注快速分组交换技术（ATM 的前身）。后来成为 ATM 虔诚的信徒，每年飞到世界各地，参加高峰会议的廟供，带回厚厚的论文集，回家细细琢磨其原理。当时沉醉于 ATM 精密复杂的设计，直到有一天，几家台柱企业轰然倒塌，废墟中屹立着原本不起眼的 Cisco。那时才恍然大悟，开创网络新局面的，原来是一台简单的路由器。

当初一个 ATM 论坛，轰轰烈烈，热闹了 10 多年，制定了一套完整的世界标准，却毁掉一大批电信设备厂商，其中包括多家国际知名企业。这是国际电信联盟（international telecommunication union，ITU）记忆犹新的大手笔，难道不该发人深省吗？

如今 NGN 的概念已经有点老，于是又提出 IMS。谁也说不清 IMS 是怎么回事，看来又可以开上十年八年的论坛会议，再等待下一个什么新名称。

从 ATM、NGN、IMS 一路走来，共同的盲点是看不到多种媒体形式流量极度不均匀的事实，看不到所谓的多媒体其实是终端的任务，与网络本身无关。

实际上，“多媒体网络”只是水里的月亮，从来没有捞上来过，将来也不会。

5.7.2　认识通信网络的互斥二元论，跳出“IP 网络”陷阱

100 多年来，通信网络的理论体系庞大复杂，看起来是一门大学问。其实，不

论这些理论发展到什么程度，它们都起源于两种古老的网络结构之一：一种是1844年发明的电报系统，另一种是1876年发明的电话系统。这就是通信网络的二元论。

IP互联网基于电报理论，甚至IP协议中的专用术语来自于电报技术。通过IP网络发送一份文件或一本书必须先分拆成许多页，每页编上号码，像电报或信件一样独立递送。接收方得到一大堆电报后，按序排列，若有错漏，同样以电报方式要求重发，直到一本完整的书。这就是TCP/IP的基本原理。

比电报晚发明几十年的电话网，完全采用另外一种处理方式。电话接线员收到用户请求后，首先用人工方式为用户接通线路，然后任由双方通话，注意，此时接线员没有任何动作。直到通话任一方要求结束，接线员拆除该次通话线路并记账。

今天，服务器代替接线员操作，网络传送的内容只有两种格式：信令包和数据包。信令包相当于接线员的接通和拆除动作，数据包就是用户通话。每次服务接线员只要处理几个信令包就够了。因此，不论通话时间长短，不论通话内容是简单语音还是高清电视，服务器建立和拆除网络连接的工作量几乎不变。

下面用比较专业化的语言重新描述电报和电话两种不同的传输网络：数据报(datagram)以及流媒体(streaming)。数据报是无连接网络，依照每一封包的需求经过多层次网络间转发，因此所需的数据处理能力与数据包数量(即带宽)成正比。对于文字业务来说，一般带宽很低，少量数据包就可解决，没有连续数据的需求，因此，用数据报方式比较经济。

相对而言，流媒体传输建立在面向连接的基础上，必须预留全网资源，这项处理任务只有在呼叫开始及结束时才需要，其数据处理能力与流量、通信时间无关，单个网络层就能够包含信令及数据传输。因此，对于语音和视讯业务来说，流媒体处理的复杂度比数据报简单和有效得多。

实际上，网络二元论的核心是指明了通信网络只有两种架构：文字系统或者流系统。

另一方面，根据大一统网络理论，从网络功能出发，网络业务可以分成知性内容和感性内容。

知性内容指的是传递消息，传输过程不重要，只要结果正确就够了。由于人脑接受外界消息的能力很有限，知性内容属于窄带范畴。一般来说，知性内容对于传输时间不敏感。进一步说，由于时间不敏感，允许传输过程中检错重发，或者说，能够容忍网络传输过程较高的丢包率。因此，知性内容既不需要大带宽，也不需要网络传输品质保证。

但是,感性内容讲究视听过程的感受,人眼对影视品质体验的要求没有止境,高画质视频引发网络带宽需求膨胀万倍以上,相对而言,未来网络中知性内容自然可以忽略不计。

很明显,电报和电脑文件属于同一类型的内容,适合采用"尽力而为"的网络技术,如:IP互联网。另一方面,语音和视讯属于同一类型的内容,适合采用"均流连接"的流媒体网络技术,如:大一统互联网。事实上,技术没有先进与落后之分,没有好坏之分,只有正确与错误。正确的技术有共性,首先,要对症下药,其次,火候要把握到恰到好处。很明显,"尽力而为"对于电脑文件处理是正确的技术,因此,击败了ATM世界标准。但是,用来处理流媒体就是错误的技术,成为互联网视讯业务的障碍。由此可见,通信网络的二元论直接体现在网络结构和网络内容上。

从技术原理上说,IP互联网是一个改进的电报系统,电报或者IP互联网适合传递知性消息。IP互联网传递内容以独立电报为单位,电脑文件无非是大一点的电报而已。所谓先进的IP网络技术只不过改善了多报组合、自动纠错和流量调节之类的措施。为了实现"尽力而为"的目标,TCP协议依赖"丢包"来探测当时的网络状态,并根据"丢包"程度调节发送流量。因此,传输过程中频繁丢包是TCP/IP网络与生俱来的本性。

相对而言,大一统互联网是一个改进的电话系统,电话或者视频适合传输流媒体形式的感性内容,语音和视讯的差别只是带宽不同而已。传统电话带宽是固定64K,大一统网络带宽按需可变。与电话系统类似,大一统网络具备严格管理能力,通过预留带宽确保实时视讯内容达到任意高品质,同时,在保证传输品质前提下,带宽一点不浪费。另外,大一统网络还增加了全网组播能力,以适应大众媒体和会议功能。

事实上,大一统网络与PSTN电话的差别,类似于IP互联网与电报的差别,都处于技术进步层次。然而,大一统网络与IP互联网存在着原理性差别。由此得出结论,由于未来网络处理的对象变了,当前通信网络工业的理论和技术必然过时。重要的是,网络技术路线如果适应网络内容的本质,一切难题都会迎刃而解,否则必然掉进麻烦不断的混乱局面。网络互斥二元论能够清楚地解释IP互联网过去、现在和未来的状况:

(1) **过去**,IP互联网初期取得巨大成就,原因是那时互联网传输内容100%是文字内容。

(2) **现在**,IP互联网遇到巨大麻烦,原因是当前互联网中的视频内容已经过半。

(3) **未来**，我们还能预测，IP 互联网一定崩溃，原因是未来网络内容 99%以上都是视频。

互斥二元论从理论上解释了当年电信 ATM 试图提供电脑桌面服务遭遇惨败；同时也解释了今天试图用 IP 技术建设未来视讯网络，看上去每天有进步，但是永远不达目标。两者的共同点是：网络结构与传输内容不匹配，注定要失败。

通信网络的互斥二元论，如图 5-2 所示，告诉我们两个非黑即白，不可调和的事实：任何通信网络都起源于电报和电话两种基本结构，并且落实到文字和流媒体两种基本内容。

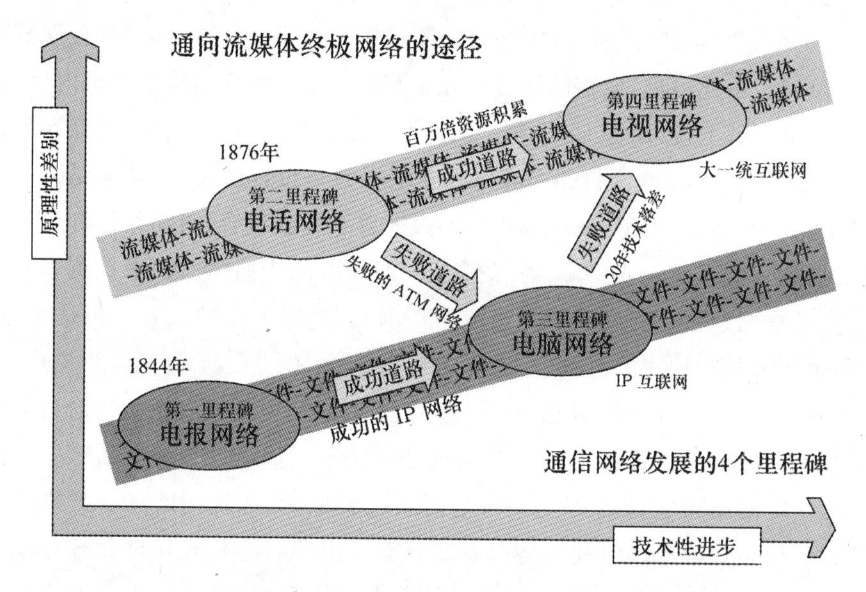

图 5-2 互斥二元论和通信网络历史上两次大规模错误尝试

实际上，如图 5-2 所示，在通信网络历史上有两次大规模的错误尝试。

第一次，试图将电脑文件的传输建立在电话原理上，由于 ATM 和 SONET (SDH)的灵魂中保留了“同步 8kHz 语音采样”的基本结构，导致系统过于僵化，无法灵活适应新业务多变的需求。付出千亿美元的学费，最后归于失败。

第二次，试图将视讯业务建立在 IP 互联网上，由于 IP 的灵魂中保留了“尽力而为”的本质，导致网络品质无法管理，无法适应实时视频业务的需求。尽管今天大部分专家还认为 IP 互联网不可替代，其实 IP 视讯业务失败只是迟早的事。更严重的是，视频通信业务的失败一定会引发其他业务大面积流失，最终导致 IP 互联网难以为继。

站在宏观角度，这两次失败尝试的共同点就是违背了网络二元论，把不同本质的新兴业务套在传统平台原理中。与此相反，IP 互联网初期的成功恰恰验证了网络二元论。由于抛弃了电话原理，专注于电脑文件，从基本结构上标新立异，击中突发数据传输的要害。推广到其他领域，收音机与电视机，汽车与飞机，都是原理上的创新。

5.7.3　建设透明管道，跳出“智能化网络”陷阱

当前网络发展有两个相反的极端：一种是沿着 IP 互联网的思路，建立更加复杂的所谓“智能化网络”，如：GENI、IPv6、NGI、NGN、IMS，还包括应用层覆盖网络(overlay network)、主动网络(active network)、深度包检测等，其代表性观点就是根据实际应用聪明地调节网络服务品质(application tuned network performance)。30 年网络发展的历史证明，不管技术手段如何巧妙，这一思路带来的麻烦比解决的问题更多。由于智能化降低了网络的透明度，如果网络业务要求网络具备智能，或者区别对待，那么，“自作聪明”的网络一定成为未来服务的障碍。另一种是全光网，为每项服务提供一个独立的光波长，这是一种过于超前的想法。由于许多基本物理器件远未成熟，当前实现全光网还有难以逾越的鸿沟。因此在现阶段，这两种发展思路都不可取。

互联网初期，由于对低熵网络的曲解，受到 Isenberg 笨网理论影响，导致互联网变成乱网，不得不指望用高熵的智能化来补救。当今高科技领域，各种理论和技术层出不穷，几乎每种技术思路都希望覆盖尽量大的服务能力，系统设计者越想越复杂，唯恐漏掉什么。但是，事实结果往往与人们初衷相反，复杂结构的适应能力最小，简约反而能够包容天下。不断增加复杂度，距离高品质视讯网络越走越远。本书认为，只有低熵网络才能承载未来任意“聪明”服务。大一统网络理论奉行“简单为真”，严守网络二元论，抛弃“智能化”，开宗明义地把能量聚焦在“视频通信”一点上，套用肯德基的广告语就是“We Do Video Right”。

大一统网络理论包含了两项基本原理：网络与终端分离，传输与内容分离。前面解释“多媒体网络”陷阱，实际上就是用了网络与终端分离原理。下面，再用传输与内容分离原理解释“智能化网络”陷阱。

实际上，智能化网络代表了典型的窄带思维模式，直接后果就是降低了网络的透明度。那些听起来狡猾多变的智能网络，绝不会成为未来网络发展方向。通信网络必须致力于保持忠诚和结实，将智能推向边缘，即网络终端。不管电脑科技发展到什么程度，最好的网络永远是能够忠厚老实地传递“不失真比特”的透明管道，或者说，感觉不到网络存在，从某种意义上说，所谓网络限制服务品质，就是指网络还不够“低熵”或者透明度不高。

大一统网络提出全透明概念，或者称“带宽按需随点”，实际上就是全光网的初级阶段。下一步，在此基础上自然实现“波长按需随点”，就成了真正的全光网。可贵的是，由于带宽随点和波长随点只是管理颗粒度不同而已，两者能够在同一个网络架构中融合和共存，大一统网络能够逐步平稳过渡到全光网。实际上，全光网是大一统网络的一种表现形式。比较 IP 互联网和大一统互联网的服务基础和发展潜力，不难看出以下规律：IP 互联网建立在电报体系基础上，从简单文字开始，先遇 IP 语音，多媒体，然后非实时视讯内容。每次进步都遭遇网络本身能力的制约，解决当前问题的方法成为后来业务的祸根。IP 互联网面临的困难越来越大，最终无法越过实时视频通信，沦为一种残缺的网络。

大一统互联网建立在电话体系基础上，轻易将发展的起点定位在高品质实时视频通信，即“未经加工的通信内容”。然后，提升内容的价值，从传统的电视台和内容供应商，迈向全民参与的内容制作，即“事先加工的媒体内容”。最终，将进入“互动加工内容”领域。

什么是电话体系基础？

简单地说，就是专注于单一电话流媒体服务。大一统网络聚焦带宽按需随点，俗称视频通信。显而易见，尽管传输内容千变万化，不论是未经加工、事先加工、还是互动加工，都属于电脑运算能力和后台存储库的范畴，与透明的网络本身无关。

由此得出结论：IP 互联网服务能力受限于网络本身，无法满足未来网络需求。明显的差别是，大一统互联网服务能力体现在不断发展的内容上，大屏幕电视和超级信息中枢将成为演绎人类想象力的舞台。由于大一统网络本身的结构不会变，因此，从另一个角度论证了建立在透明管道上的大一统互联网就是人类的“终极通信网络”。

5.7.4 两种发展观

未来网络何去何从？

本书概括为两种发展观，实际上，映射到网络资源环境，表现出两种相反的方向：

(1) 一种立足于资源贫乏时代，或者说，“窄带发展观”，核心是复杂的多媒体网络平台。

(2) 另一种立足于资源丰盛时代，或者说，“宽带发展观”，核心是单纯的视频通信平台。

当今网络世界强者林立，清楚勾画出“四国四方阵营”的脉络。看起来这个阵营几乎涵盖了当今网络世界的全部，但是实际上，只是一个陈旧的传统世界而已。

今天我们看到四大王国都号称以未来通信网络为目标：

(1) 互联网(NGI、IPv6、P2P)；

(2) 电信固网(NGN、IMS、IPTV)；

(3) 有线电视(NGB、DTV、DVB、DOCSIS)；

(4) 移动通信(3G、4G、WiMAX)。

另一方面，以行业或地域为起点的四大国际标准化长老会：

(1) 国际电信联盟(ITU)；

(2) 欧洲电信标准化协会(European Telecommunications Standards Institude,ETSI)；

(3) IP 互联网工程任务组(Internet Engineering Task Force,ETF)；

(4) 无线阵营(3GPP 和其他)。

以上多股势力各自为政，个个都是老大，内部竞争激烈，这就是今天通信网络工业的写照。然而，对于未来网络走向，四国四方阵营有一个共同点：站在现有业务的基础上，盲目推测未来发展方向，建立面面俱到的多媒体网络平台，试图以“完美”方式融合所有业务。他们的目标是建立智能化网络，能够根据不同业务需求，聪明地调节传输品质。无奈视频通信是他们共同的弱项，或者说，是他们共同的“死穴”。实际上，四国四方阵营过去 20 年全部努力只是向视频通信迈了一小步，但是，沿着这条路永远达不到大规模视频通信的境界。因此，四国四方阵营在错误的战场耗费精力，不论多么强大，结果都是徒劳的。

本书将他们的建网思路概括为“窄带发展观”，也就是资源贫乏时代的传统发展观。

与整个四国四方阵营完全相反，本书提出的“宽带发展观”认为：表面看未来网络服务五花八门，但就网络流量而言，实质上只是视频通信一家独大。由于多媒体数据量极度不匀(差异达 4 个数量级以上)，因此，要么网络没有视讯，一旦开始，转眼全成了视讯。所谓多媒体网络只是这个发展过程中一个短暂浪花，为多媒体所花力气的效果就是徒劳。读者可以回到本章开篇第 1 节，细细体会图 5-1 传递的道理。实际上，只要一心一意把电视机伺候好了，其他非视讯流量总和的百分比几乎可以忽略不计。另外，单向媒体播放和影视内容下载成为同步通信的一个子集，但是反过来，文件下载和单向播放网络都不可能提供实时高品质视频通信业务。

因此，本章的结论是，只要发明一个“单纯”的视频通信网络，或者说，适合视频通信的“带宽按需随点”透明网络，就足以包打天下。

对比两种发展观不难看出，目标不同，方法不同，效果必然大相径庭。根据窄带发展观，数十年努力，浪费资源无数，无奈视频通信还是可望而不可求。遵循宽带发展观，即便使用十多年前的原材料和电信基础设施，也能轻松实现全方位视频通信的终极目标。显而易见，宽带发展观在理论和技术上至少超越窄带发展观20年。

简言之，资源丰盛时代的"宽带发展观"认为：

第一，网络以"通信"为纲，非通信的电视媒体和下载播放只是视频通信的子集，可以不予理会。视频通信发展空间百倍于单向媒体，而且轻易替代单向媒体和下载播放。

第二，通信以"视频"为本，非视频的其他业务流量百分比几乎忽略不计。

这里并不是说当前"非通信"和"非视频"业务不重要，这些业务同样能够带来市场回报。但是，把着眼点放在视频通信上，就掌握了全局的主动权。未来整个媒体和影视内容产业、多媒体网站、云计算和物联网都将被淹没在视频通信的汪洋大海之中。

因为，视频通信的核心是透明带宽按需随点。有了"透明带宽"，个性化电视水到渠成。有了"透明带宽"，回头拿下其他多媒体业务只是顺手牵羊。因此，只要建立视频通信网络，多媒体、单向媒体播放或内容下载都将包含其中，成为买一送三的附赠品。

一旦多媒体网络被透明带宽取代，当前四国四方阵营的理论和技术体系必将土崩瓦解。本书认为，这一天已经近在眼前。

"宽带发展观"的实际行动是：锁定视频通信为目标，就是掌控了未来网络的十分之九，只要打赢视讯这一仗，在其他领域将不战而胜。别人还在为整合传统业务劳心费神（如NGN，IMS），盘点老房子中的旧家具，大一统互联网已经将未来的大鱼收入囊中。

"宽带发展观"告诉我们：跳出"多媒体网络"、"IP网络"和"智能化网络"三大陷阱。今天IP互联网遇到的一切麻烦都会消失，今天能够想象到的一切网络服务都可以轻而易举地实现。实际上，大一统网络能够轻易包容100%四国四方阵营的服务能力，然而，在可预见的将来，四国四方阵营无法实现大一统网络的使命。

5.7.5 大一统网络技术平台的领导者

今天我们面临两个新的时代特征：

(1) 光纤技术成熟带来带宽无比丰盛的时代，实际上，带宽资源永久过剩。

(2) 消费者市场（包括桌面、客厅和手持终端）进入娱乐经济和体验经济的时代。

事实上，两者构成完美的互补关系。因为娱乐和体验的核心平台是视讯网络，必需依赖充分的光纤和无线带宽资源才有可能实现。同样，丰盛的带宽资源只有通过消费者高清晰的电视屏幕才能消化和吸收。两者的结合将创造出一个看不到边际的消费市场，这个市场将提高人类生活品质，极少占用物质资源和能源，没有环境污染，能提供大量服务性的就业机会，因此，是一个绿色市场，或者说，信息产业需求的海洋。

为了能够使上述理想成为现实，也就是说，将带宽资源和视讯网络有效结合，必须依靠一个技术平台。今天这个技术平台尚未成熟，当然也没有一个平台领导。

Gawer 和 Cusumano 于 2002 年所著 *Platform Leadership*[21]，详细描述了 Intel、Microsoft 和 Cisco 技术平台的本质和成为平台领导的准则。本书认为在云时代，以视讯服务为核心的大一统互联网市场规模远将大于上述三家公司所代表的桌面信息服务市场。

研究未来客厅技术平台，本书强调以下三方面的分析：

1. 分析基本元素

参考 Gawer 一书的观点，本书引伸出以下客厅技术与其他平台不同的特征：

(1) 客厅市场的要素。

对于消费者的客厅来说，有三个主要的体验核心：媒体、娱乐以及沟通，这些都与视频有关。因此，视觉、互动和距离三大基本元素，以及大屏幕、遥控器和沙发三大设备，是未来消费者网络成为娱乐体验中心的关键组件。

(2) 视讯网络的要素。

结构要求：由于不同类型媒体带宽需求极度不匀，提供多媒体服务的网络中，视讯内容将占据绝对多数，非视讯内容可以忽略不计。因此，自然要求面向连接的流媒体网络。

环境要求：为了保障视讯体验效果和健康的市场，视讯网络必须满足安全、品质保证和严格管理的商业环境。

(3) 技术平台的要素。

充分开放性：公开发表一套繁琐的接口文件，要求别人削足适履，这不是真正的开放。充分开放的技术平台应该对补充技术尽量不作限制，允许同类业务建立多种应用标准，并在平台上共存和竞争。例如：在开放的 IP 互联网平台上，可以建立不同的电话标准，不同的播放器和搜索引擎，因此，IP 互联网不愧为开放的平台。

充分包容性：必须在一个平台上实现全部业务功能。如果说某项有市场需求的业务不能包容在平台中，那么，这个平台就一定会让位给具备更大包容能力的新平台。例如：IP 互联网缺乏提供高品质实时视讯服务的能力，因此，难以成为大一统网络技术平台。

2. 分析现有的平台

谁能成为视讯技术平台的领导者，关键在于是否符合上述基本要素条件。过去和现在，每一个成功的平台领导都是由小变大，某一领域的平台转变到另一领域，还没有成功的先例。

我们分析现有参与竞争的网络平台，看看能否演变成视讯技术平台的领导者。

(1) IP 互联网平台。

IP 互联网是成功的桌面平台，但是，缺少感性和商业化两个基本要素。由于 IP 互联网属于"知性"网络，不适合客厅体验市场中的"感性"需求。IP 互联网固有的安全、品质和管理弊病解决无望，而消除这些弊病是客厅市场商业环境中不可或缺的基本条件。因此，从桌面到客厅是 IP 互联网难以跨越的鸿沟，努力了 20 多年，收效甚微。因此，IP 互联网最多成为视讯技术平台上的一项小流量业务，或者称为子平台。

(2) DVB 和 DOCSIS 平台。

DVB(digital video broadcasting)和 DOCSIS(data over cable service interface specification)是成功的数字有线广播电视平台，现任客厅技术的平台领导。特征是单向为主，广播为主。个性化和对称交流是未来客厅市场的基本要素，DVB 和 DOCSIS 无法满足这些需求，因此，将无缘成为未来的平台领导。

(3) ATM、NGN 和 IMS 平台。

ATM、NGN 和 IMS 是电信行业不成功或者希望成功的平台，立足于整合传统业务。从 ATM、NGN 到 IMS 一路走来，名称变了，部分技术手段变了，但是，基本建网原则没变。事实上，ATM、NGN 和 IMS 面临以下 3 大通病：

① 将不该属于网络平台关心的多媒体业务强加给网络平台，混淆了网络与终端的定位。

② 在网络内部堆积过多的"智慧"，导致丧失网络透明度，因此，都属于高熵网络。

③ 用过时的"标准"限制网络的开放性和包容性，与未来网络的核心价值背道而驰。

事实早已证明，复杂的网络结构不符合平台领导应有的特征，因此，二十多年来这条思路只是论坛上的热门话题，从来没有实际成功的迹象。

(4) IPTV 平台。

许多人问及大一统网络与当前热门的 IPTV 究竟区别在哪里？简单的答案是：IPTV 相当于传呼机，大一统网络相当于手机。

具体表现在：

第一，对于传统的电话和电脑来说，电视是个新东西。技术上 IPTV 用电脑技术模仿电视服务，价高质差。大一统网络将电话业务升级到电视服务，功能强、性能好、成本低。

第二，IPTV 以单一内容节目库为中心，建立一套影视内容配送系统，内容受节目库限制。大一统网络以影视通信网络为中心，每个用户都可以申请成为内容供应商，显然内容供应将会丰富得多，更加个性化，用户体验价值更高。

第三，大一统网络除了影视内容配送之外，还具备大规模高品质双向和多向视频通信功能，带来居民、企业和政府的高端客户。因此，IPTV 的全部服务能力只是大一统网络中一个次要的子集。当网络发展到大一统阶段时，不论 IPTV 做得多好，都将成为多余。就好比没有手机的时候，呼机很受欢迎，一旦有了手机，传呼机必然退出市场。

3. 分析大一统网络的边际条件

根据“宽带发展观”，我们分析大一统网络为何有望成为视讯技术平台的领导者。

(1)在深入研究通信网络理论的基础上，提出大一统网络的 3 项必要条件：

① **均流管理条件**(参见本书第 5.8.4 节证明)。

网络若不遵循“均流”原则，就不可能实现实时通信的重载品质保证。也就是说，未来网络必须抛弃 IP 互联网固有的“尽力而为”和“存储转发”策略。

② **按次管理条件**(参见本书第 5.8.5 节证明)。

网络若不遵循“按次准入”原则，就不可能建立面向客厅的健康商业模式。也就是说，未来网络必须抛弃 IP 互联网固有的网络层开放和“永远在线”策略。

③ **原始数据管理条件**(参见本书第 5.3 节证明)。

网络若不将管理规则直接加诸于原始数据，允许用户未经许可向网络发送数据，就不可能建立有效管理，不可能保证在商业环境下的网络安全和品质。

以上 3 项条件击中当代网络理论的根基，波及面极广，必将招来许多非议。若要求证上述条件的必要性，详细阅读其他章节。实际上，未来网络研究项目只要违背一项所列的必要条件，那么，不论看上去有多聪明，都不值得花费时间和精力。

因为，这类技术都隐含了严重缺陷，即使暂时取得市场上成功，只是癌细胞侥幸没有发作而已。

(2) 在明确发展目标的基础上，针对未来网络的特殊环境，本书对网络基本功能进行了全面梳理、优化、分解和重组，首次归纳出建设大一统网络的充分条件。尽管不遵循这些条件，也可以建设实用和可靠的网络，下述充分条件能够帮助我们找到建设未来网络的近路。本书提出建设大一统网络的充分条件包括：3 条去相关原理和 3 条同相原理。其中，去相关原理指明确分工，去除相关性，简化功能，极大地促进各自独立发展；同相原理指提取共同点，剥离差异性，综合功能，极大地扩展整体覆盖面。

① 去相关原理 1：网络与终端功能分离。

在宽带时代，网络和终端的分工将更加明确，大一统网络通过“带宽按需随点”、“存储按需租用”和“智能按需定制”的网络架构，提供适合高品质视频通信服务的透明管道，其中自然包括其他非视讯内容和非实时业务。所谓的多媒体服务只不过是网络终端的表现形式，理应留给聪明的服务器、PC 或者用户终端去解决。相对而言，大一统网络的功能简单化了，不必考虑多媒体内容细节，平稳过渡到全光网络。通信网络致力于保持忠诚和结实，将智能推向边缘，即网络终端。也就是说，通信网络根本没有能力，也不应该卷入多媒体泥潭。

② 去相关原理 2：网络服务器与内容存储功能分离。

在面向桌面的 IP 互联网服务中，网络服务器每发送一幅网页都必须经过许多次面向连接的 TCP 和 HTTP 协议操作。网页内容和协议处理量在同一个数量级，因此传统的网络服务器同时执行内容送达和协议操作。但是在视讯网络中，一次协议连接可能要提供整部电影，数据量上升了几个数量级(万倍以上)，而协议连接次数反而减少，内容送达和协议操作的任务性质向两极分化。大一统网络首次提出并实现了内容送达与协议操作分离的思路。云计算中心信息库仅需执行智能的协议操作；剥离后的多媒体内容由文件库和媒体库处理，并直接与用户终端建立直通车。因此，消除了网络服务器的瓶颈，同时简化了内容存储阵列。

③ 去相关原理 3：路由选择与数据交换功能分离。

IP 互联网的路由器同时执行数据包的路由选择和交换功能，成为网络建设的瓶颈之一。本书创新网络和地址结构，实现路由选择与数据交换分离，彻底丢弃传统路由器，极大地简化了网络交换体系。这项原理技术性较强，详细内容请参阅有关大一统网络交换机的专著。

④ 同相原理 1：用户普遍性。

传统上，电信网络提供全部服务，网络服务器必须兼顾所有的业务功能。因此，增加新业务是一个非常复杂的过程。大一统互联网将所有网络参与者一律看作“用户”，不论是消费者、多媒体网站、内容供应商、还是电视台，只不过赋予不同的权限和规模而已。潜在的内容供应者只要申请足够的带宽和存储空间，将应用软件或机顶盒直接发放给客户。这样一来，新服务的进入门槛就可大大降低。因此，大一统互联网覆盖了普遍用户。

⑤ 同相原理 2：服务普遍性。

不论何种媒体形式（视、图、音、文），不论何种业务（广播、点播、时移电视、可视通信、会议聊天、网络游戏、邮件下载、部落格、节目指南等），甚至包括未来的未知业务，在大一统互联网看来只有一种“带宽按需随点”服务，只不过加上可配置不同的参数或者下载不同软插件的用户终端而已。大一统网络与服务类型无关，自然包容人类全部服务需求。

⑥ 同相原理 3：品质普遍性。

我们知道电脑文件能够容忍品质不保证的网络，但是，并没有任何理由拒绝品质保证的网络，就好像我们都不会拒绝航空公司的免费升舱。既然，占未来网络总流量绝大部分的视讯内容必须要求品质保证，那么，剩下极少数不要求品质保证的非视讯业务流量也都给予品质保证何尝不可。实际上，网络传输品质完全不保证，或者完全有保证都很简单，难就难在部分保证和部分不保证，尤其还不知道这“部分”两字的界线划在哪里。因此，只要为全部网络业务提供一致的品质保证，QoS问题自然就不存在了。也就是说，当前各种 QoS 以及所谓的“品质按需可调”算法都是毫无实际价值的瞎折腾。有人可能会担心，提供免费升舱的思路会不会增加网络成本？恰恰相反，大一统网络彻底杜绝了当前 IP 互联网普遍存在的带宽资源滥用现象，实际上，大一统品质保证的网络成本远低于品质不保证的 IP 网络。

4. 分析大一统网络的生态系统

大一统互联网构建了一个可持续发展的生态系统，其中包括：

（1）运营商提供“刚性的”网络环境：带宽按需随点，存储按需租用，每次服务呼叫独立计费和利益分成。所有这一切都是在网络服务器严格监督下，遵循不可妥协的游戏规则，提供一个有序的法制环境。

（2）服务和内容供应商营造一个“柔性的”商业环境：专心致志为客户提供贴身服务，通过向用户单独发送的“软插件”直接指挥用户终端工作，实现差异化服务。由此可见，各个厂商的应用软插件不必关心与其他业务的兼容性，整个网络服务处于动态平衡，有利于各种创新业务同台竞争，提供一个充分调动全社会积极性的市场环境。

(3) 消费者拥有最大的选择权：可以同时保留多个服务软插件，可以随时删除或花几秒钟时间下载新的软插件。用户甚至可以自行开发软插件(烧私房菜)，在运营商的许可下，向别人提供个性化服务。

(4) 终端设备厂商承担最低的风险：用户终端，如手机、电视机顶盒和智能机器人等，只需具备最基本的功能组件，被动地接受下载软插件的调度。未来丰富多彩的网络应用和神奇的人工智能，与用户终端的软硬件设计无关。

以上分析可以看出，大一统互联网充分满足了网络平台的开放性和包容性。本书其他部分的描述进一步说明，大一统网络继承了电话网络面向连接的流媒体结构原理，充分满足了客厅环境的安全，品质保证和商业管理需求。大一统网络技术平台与其他网络系统有本质的区别，具备其他系统难以比拟的性价比，因此，自然成为未来网络平台领导的最佳候选者。

5.7.6 奠定大一统网络的理论基础

本书认为，对付当前互联网难题不应该有多个孤立解决方案，只在表面刷油漆，头痛医头脚痛医脚，治标不治本。正确的途径是针对病因，所有问题一次性根治。

首先，设定一个明确的网络目标。然后，设计正确的网络架构，与网络目标相匹配。最终，根据目标修正各种技术手段。

电报技术发明100年后，Claude Shannon于1948年第一次系统提出了香农信息理论[4]，从有效利用带宽的角度奠定了窄带通信理论。如果说，香农理论告诉我们如何在“带宽稀缺”时代建设各种“最高效率”的通信网络以适应“不同的需求”，那么，大一统网络理论告诉我们如何在“带宽丰盛”时代建设“终极网络”满足人类通信的“全部需求”。

本书第一次系统提出资源丰盛条件下完整的通信网络理论：

(1) 大一统网络世界观，网络发展的首要命题，即视频决定论。

(2) 大一统网络方法论，网络发展的普遍规律，即互斥二元论。

(3) 大一统网络归宿论，网络发展的黑洞效应，即视频终极论。

(4) 大一统网络的必要条件，这些条件是宽带网络发展的禁区。

(5) 大一统网络的充分条件，这些条件是宽带网络发展的近路。

(6) 大一统网络的生态系统，表现为刚性的网络管理环境和柔性的商业内容环境。

根据大一统网络的设计思路，未来的互联网将比今天的互联网更为简单，实际上，要比今天简单得多。过去20年，人们为改进互联网花费了巨大的资源，这些努力孤立看好像都不错。但是，整体上没有明确目标，只能继续在茫茫大海中搜索，不知道陆地在哪里。

其实，未来网络根本不需要多数人想象中复杂的多层网络结构，也不需要看起来新奇的智能化算法。从根本上解决人类终极网络的难题，我们所要的只是一个正确的方向。

大一统网络理论从网络流量特征角度(视频独大)，清楚地解释了为什么当初弱小的互联网能够胜过强大的传统电信(那时视频为零)，为什么今天互联网会遭遇无法摆脱的困境(如今视频流量占据半壁江山)，并且，预测了未来互联网面临崩溃(那时几乎全为视频)。

脚长大了，已经被旧鞋卡痛了，必须赶紧换鞋，万万不能削脚去适应旧鞋。本书所说的这双旧鞋泛指网络概念、思路、理论和技术，未来网络必须从根本上全面更新。也就是说，未来网络是一片未开垦的处女地。大一统网络理论告诉我们，有了充分的带宽资源该做什么和怎么做，或者说，能够指导光纤时代的通信网络建设，将人类带入真正意义上的信息社会。

5.8 创建大一统的通信王国

大一统网络理论和技术提供了化解当前互联网难题简单和有效的途径。

5.8.1 再次改造以太网

面对视频通信网络前所未有的巨大流量和高品质传输需求，必须抛弃任何框架的束缚，为大一统互联网寻找一种适合视讯业务的承载网技术。从这点出发，通过全面审视过去40年网络技术的积累，兼顾当前的网络环境，我们选择再次改造以太网。或者说，我们选中以太网的原因是“异步”和“包交换”两点。

当前从业内许多技术论文中可以看到一种误解，认为网络结构分为分组包交换(packet switching)和电路交换(circuit switching)两大类。但是实际上，分组包也可以建立电路交换。精确地说，应该是网络内容分为突发数据(burst data)和流媒体(streaming)两种类型，网络结构成为电报和电话两种原始模型。大一统互联网就是用分组包建立面向连接的虚拟电路(电话模型)，即用分组包交换满足流媒体需求。

1973年，Robert Metcalfe 发明以太网[17]。1982年，高汉中先生刚进 M/A COM 研究中心时看到的以太网还是像自来水管一样僵硬的铜管子。今天，以太网是大家最熟悉的网络之一。限于当时的条件，原始以太网的冲突域限制了传输距离，广播域限制了用户数量。因此，一般人心目中只是局域网概念。

自从发明以太网交换机，消除了冲突域限制，使得以太网的覆盖范围和用户数大大增加。实际上，以太网交换机放弃了关键的 Aloha 技术（带冲突检测的载波侦听多路访问），因此，这是以太网的第一次原理性改造，也是一次面向扩张的改造。但是，以太网的许多缺点并未消除，局域网的基本定位没有改变。

大一统网络对以太网作了第二次原理性改造，主要引入 5 大必要条件：

（1）全网统一采用固定长度数据包，以及数量不到 1%的短信令包，这一限制没有超过以太网标准的范围。其便利性在于，只要改变发包时间间隔，就可以得到任意带宽的媒体流。用统计复用的分组数据包实现传统时分复用电路（time division multiplexing，TDM）的效果。

（2）按电话号码原理对以太网地址作结构化改造，消除广播域限制。引入类似电话分机号码的可变长分地址结构，在简化交换机的前提下，确保终端数量无限扩展，尤其为大规模物联网打下基础。

（3）充分保证全网均流特征。本措施包含两项细则，首先要求终端设计必须具备均流能力。其次通过通行证机制，在结构上杜绝不按规矩的突发流量进入网络。

（4）任何网络业务都实行“准入”机制，平时仅允许发送极少量服务申请短信令包，由节点管理服务器向指定交换机发放通行证，允许用户终端按规定目标和流量发送数据包。品质保证措施不能指望用户自觉执行，只能依赖网络交换机执行准入程序。

（5）为了确保无线微基站时间同步，大一统网络物理层必须插入精确时标信号。

上述措施主要缩小了传统以太网的自由度，奠定了网络安全和品质保证，增加了传递精确时间信息的能力，这是一次面向聚焦的改造。本次改造完成了以太网向“带宽按需随点”过渡，实现有线和无线同质化网络，成为承载大一统互联网的理想结构。

大一统互联网保证有线和无线所有业务达到“电信级”品质。如果有一个节点出现“忙音”超过设计指标，能够无限量调整带宽以满足新增业务量的需求。

5.8.2 细说网络地址结构

不少人天真地以为 IPv6 扩大互联网地址（128 位）是一大创举。殊不知，网络地址空间与任何工程参数（如：建筑的梁架）一样，关键在于合理和实用，必须有“度”，设计过头有害无利。互联网初期规划有局限，只设定了 32 位 IP 地址，未来可能不够分配，但是，有许多办法可以扩展地址空间。当前，互联网面临的诸多困境中，地址缺乏还不算是主要问题。当然，在规划下一代网络时，应该适当增加地址数位。大一统互联网采用改良的以太网为基础，设计 64 位地址，已经比当前互联网扩大了 40 亿倍，足以满足未来全球网络的需要。

IPv6 设定了 128 位地址，可以为未来地球 200 万亿人口，每人分配 1 亿亿亿个独立的网络地址。有此必要吗？本书认为，IPv6 无理性滥用地址必将导致管理上的灾难。

有趣的是，一位英国人在 1994 年开了个愚人节玩笑，提出所谓 IPv9，竟设定 1024 位地址，这是天文学家从未敢使用的大数，要知道，宇宙中质子总量才不过 300 位二进制数。显然，IPv9 作者头脑很清醒，故意写篇讽刺文章批评 IPv6 的浅薄。该建议书（RFC1606）通篇描述了滥用地址的奇闻，只有最后一句真心的预言："不研究历史的人注定要重复这条道路"。至少在这位作者看来，追随 IPv6（当然还包括 IPv9）的人不懂网络地址的工作原理。可以看出，不少自称专家者不知道未来网络的目标，幼稚地以为地址越多越好。退一万步说，即使要跟踪超市中售出的每一粒面粉，或者记录身体内每一个血细胞的流程，也不会愚蠢到使用独立的网络地址，当然，只有黑客们会喜欢。

根据大一统网络的设计理念，在任一个账户名下，可以附带多个分机号。

请注意，网络地址数位属于网络公共资源，影响到全网每一台设备和每一个数据包的效率。分机地址则属于网络个别应用的内容，可随意按需增减，不影响网络整体效率。其实，每个网络地址都可代表一个管理机构，可以按需延伸出无限多个分地址。合理的设计不会浪费地址位数，却能够保证可使用的地址永远多于可想象的管理对象。因此，IPv6 和 IPv9 的地址定义，在技术上纯属浪费，在实用上毫无价值。

5.8.3　流媒体网络交换机

本书第 5.4.2 节大胆提出，建设未来的大一统互联网，根本不需要路由器。实际上，用流媒体网络交换机取代 IP 路由器，可以收到以下效果：

（1）降低芯片消耗 95%，在同等芯片运算力条件下，释放带宽资源 100 倍以上。

（2）彻底解决传输品质保证，在网络流量达到 99%重载条件下，原始丢包率几乎为零。

（3）彻底消除网络设备延迟，全程线速交换，每一节点的延迟几乎为零。

（4）由于结构简单，耗电量大幅下降，单机平均无故障时间（mean time

between failure,MTBF)提升一个数量级以上。

(5) 全网交换统一格式虚电路,与无线通信无缝融合,与全光网络无缝连接。

与传统 PSTN 交换机相比,大一统网络采用分组包交换模式,这样既可省去昂贵的同步系统,省去独立的信令系统,又可随意定义任意流量的异步媒体流。由此可见,大一统互联网具备分组交换的灵活性,同时具备电路交换的品质和安全保障。

与传统 IP 路由器相比,流媒体交换机大幅简化了路由表、存储转发和智能功能,芯片运算力消耗仅为 IP 路由器的 5%左右,大幅降低了设备成本、系统延时和耗电量。

大一统网络交换机的技术创新主要包括以下内容:

(1) 创立了局部和双端地址寻址算法。

将每一层交换机的寻址范围限定在局部空间之内(自治域),极大地简化了交换机的结构。

(2) 创立了流量预测和离线路由算法。

大一统网络交换机无需保存路由表,无需计算路由的高速处理机,也无需大容量缓存器,在极大地降低了交换机复杂性的同时,实现了全程无缝线速交换,大大降低了系统延时。

(3) 创立了中央存储交换的结构。

大一统网络交换机实现大规模远程广播和组播功能,为交换式视频网络取代传统有线电视打下了坚实的基础。

(4) 创立了多参数导向的交换模式。

定义了多参数属性,对不同标识的数据包实施不同导向、过滤和交换模式,保证网络安全。采用结构化分段网络地址,有助于简化交换机和交换网络的整体架构。

5.8.4 网络品质保证的充分条件

服务品质保证(QoS)是 IP 互联网的老问题。长期以来无数个研究报告试图解决这一难题,如果我们将 QoS 主要里程碑按时间排列,不难看出互联网 QoS 是不断降低要求,并不断失败的无奈历史[22]。从"Inte Serv"(1990)到"Diff Serv"(1997),再到"Light load"(2001),各种看似有效的 QoS 局部改善方案加起来,距离全网范围品质保证的目标还是像水中的月亮。今天,IPv6 还在做"绿色通道"的美梦。本书认为,QoS 看起来很近,其实遥不可达。

不幸地,QoS 已经研究了 20 多年,无数篇论文都是同一个调子:"在'局部'情况下,本方法能够起到'改善'的效果"。但是,还未看到一篇论文提出 IP 互联网在 $X\%$负荷条件下,能够达到 $Y\%$丢包率的精确数据。然而,不要忘记,这些数据是传统网络测试的必备条款。自从 IP 互联网逐步普及以来,人们不间断地寻找解决网络品质保证良方。网络技术专家们经过 20 多年搜肠刮肚，各种 QoS 方案均不理想，许多专家把网络拥塞归结为简单“供和需”原因，天真地以为只要增加带宽的“供”就能解决传输品质的“需”。在对于解决 QoS 失去信心的大环境下，一些不愿留名的人提出了不是办法的办法，即“Light load”。其基本设想是所谓的轻载网络，认为只要给足带宽，光纤入户，就不担心网络拥塞。

轻载网络的设想可行吗？不幸地，答案还是否定的。

要想解决问题，必须找出症结所在，通过仔细分析我们得出以下几点：

(1) IP 互联网核心理论中关于“尽力而为”(best efforts)的机制必然导致网络流量不均匀和频繁的丢包。实际上，TCP 协议正是利用网络丢包状态来调节发送流量。

(2) IP 互联网核心理论中关于“存储转发”(store & forward)的机制在吸收本地突发流量的同时，将造成下一个节点网络流量更大的不均匀。

(3) IP 互联网核心理论中关于“检错重发”(error detection & retransmission)的机制在同步视频通信中，将造成不可容忍的延时。

(4) 连续性的网络流量不均匀或突发流量必然导致周期性交换机(路由器)丢包。

当前的网络技术专家们似乎没有意识到一个基本道理，网络丢包现象的根源是流量不均匀性造成的。从宏观上看，在一个时间段发送略快一点，必然导致另一时间段的拥挤，只要网络流量不均匀，网络可能达到的峰值流量就没有上限，在短时间内可以占满任意大的带宽。

实际上，由于缺乏管理，无论增加多少带宽，都可能在局部时间“供”不足以“需”。当前的设备厂商推荐每户数十、数百、乃至上千 Mbps 的超宽带接入网，就算每家都有了光纤到户，还是难以向消费者展示品质保证的视频通信服务。

实际上，避免突发流量的唯一办法靠管理，管理好了重载条件也能保证品质。管理不好，无论怎样轻载一样不行。也就是说，解决网络拥塞的有效途径是管理，而不是简单扩容。

IP 互联网缺乏管理，因此，轻载网络此路不通。既然前述方法无一可行，那么，解决网络传输品质保证的出路在哪里？

本书认为，当前各种 QoS 方法，都建立在一种错误的假设上。根据这种假设，QoS 的解决方法是为视讯流量提供优先处理的特权，或者说“绿色通道”。但事实是，由于不同媒体形式所需的网络流量极度不匀，只要有少数人使用视频服务，网络上的视频流量将占据绝对主体。如果换一角度看，专门为大部分网络流量提供好的品质，等效于专门为少部分非视频流量提供差的品质。也就是说，既然大部分网络流量必须要求品质保证，那么剩下少数不要求品质保证的业务流量也都给予品质保证何尝不可。假设1000位旅客订飞机票时都要求头等舱，只有少数几位可以接受经济舱，那么，航空公司的自然措施是取消经济舱。因为，为了满足极少数差异化的经济舱，航空公司所花的代价远大于给这些旅客提供免费升舱。

根据我们的研究，网络传输品质完全不保证，或者完全有保证都很简单，难就难在部分保证和部分不保证，尤其还不知道这"部分"两字的界线划在哪里。因此，只要为全部网络业务都提供统一的好品质，QoS问题就不存在了。

实际上，全网品质保证的有效方法几十年前早就有了，严格同步的TDM网络可以达到100%带宽利用率和100%品质保证，加上用"忙音"拒绝超载用户，PSTN电话早就实现了当今世界唯一的品质完全保证的通信网络。

IP互联网初期好比是乡间小路，在民风淳朴的小镇不需要交通警察。但是到了繁华大都市，有些热闹路段的红绿灯和交通警察都控制不了混乱局面，出行赴约难以确定时间，就像今天的IP互联网。

大一统网络好比是高速公路，不需要警察和红绿灯，水泥隔开的车道和立交桥确保汽车在规定的道路行驶。根据加州交通局的经验，避免高速公路堵车的办法是关闭入口匝道。加州高速公路的设计思路有三个特点：

(1) 在公路入口匝道设置开关，控制宏观车流量。

(2) 保持车速稳定，提高道路通车率。

(3) 采用水泥结构的道路分隔和立交桥，而不是警察和红绿灯来规范车辆行驶。

大一统网络遵循电话网的原理，采取类似上述高速公路的三项措施：

(1) 每个路段都计算和实测流量，一旦流量接近饱和，采取绕道或拒绝新用户加入。

(2) 严格均流发送，大一统网络能够在99%重载流量下，实现几乎为零的丢包率。

(3) 上行通行证ULPF(up link packet filter)，从结构上确保用户严格遵守交通规则，因为，品质保证措施不可能指望用户自觉执行。

从理论上讲，多个均匀流合并以后，还是均匀流。实践进一步证明，在均匀流的前提下，网络流量可以接近于极限值，而不发生丢包现象。由于占据未来网络流量中九成以上的视频媒体流，本身具备均匀流特征。因此，以视讯业务为主要目标的大一统网络品质保证的途径自然是消除信源流量不均匀，尤其在意从根本上防止重载条件下网络交换机的丢包现象。

但是,在实际网络环境中,显然不可能寄希望于用户自觉遵守均流规定。因此,大一统网络节点服务器向网络交换机发放通行证,只允许用户数据包在很细的时间精度下均匀通过。对于符合规定要求设计的用户终端,通行证是完全透明的。如果是电脑文件,必须先经过均流适配后才允许进入网络。均流适配功能只需对终端网口驱动软件略作修改即能实现,可以用独立软件,也可以整合到 Windows 或者 Linux 操作系统中。好在未来网络流量中流媒体占绝大多数,少量文件数据并不影响网络总体复杂度。

5.8.5 网络安全的充分条件

在当前的网络环境中,消费者被迫承担网络安全责任,要求用户电脑频繁查毒杀毒。然而,网络安全还是今不如昔,给消费者带来极大的精神负担和潜在灾难的威胁。以内容消费为主的商业环境一定会有小偷和强盗,他们在网络中更加隐蔽,易于复制,危害扩展快。

影视产品制作投入高,播出后对社会影响大,因此,更须体现其特殊要求:

(1) 内容获取安全,表现于版权保护。

(2) 内容播出安全,表现于社会道德与法规。

安全性是互联网发展的第一要务,实际上,信息安全(information security)和网络安全(network security)是两个不同的概念。“信息安全”应该在最高层实现(离信息源最近处),如果信息只有自己人读得懂,那么根本不在乎网络是否安全,因为不怕被别人看到。“网络安全”应该在最底层实现(离传输线路最近处),如果网络安全有保障,那么信息加密成为多余,反正别人拿不到。

当前,互联网安全措施主要有数字内容版权加密保护技术(digital rights management,DRM)和可信计算组织(trusted computing group,TCG)。值得注意,就算 DRM 和 TCG 能够如愿以偿,只不过把住了自己的门户,充其量是篱笆扎得紧,野狗进不来。但对于篱笆之外的广阔天地还是让给了野狗们施虐。这样的被动防御手段充其量提供信息安全,丝毫无法制止用户滥发数据包。网络攻击,不道德或无节制使用,很容易不当占据网络带宽,干扰正常的网络流量。尤其当网络流量处于重载条件下,只要少量突发干扰,造成大面积实时视讯品质下降。另外,通过合法手段购买影视内容个人观赏权,然后在网上散布盗版内容。对于这种非法行为,DRM 和 TCG 之类的信息安全手段无能为力。

今天的互联网仅仅开始初级视频应用,如果说,未来互联网任务包含影视内容消费的主渠道,那么,非法经济利益将成为各种黑客手段巨大的动力源。互联网的安全问题着实把广大的使用者吓坏了,感觉是网络一大,必遭攻击,安全是个永远无解的难题，其实错了。

IP 互联网安全概念不能推衍到其他网络，网络的安全性与网络大小和复杂度没有内在关联。大部分人没有意识到，其实，高等级的网络安全并不一定复杂，网络安全主要靠架构设计，而不是昂贵的装置和多变的软件，如病毒库之类。恰恰相反，安全的网络一定不复杂，关键是不容安全漏洞，如同石头不会感染病毒一样。举例为证，伴随我们几十年的数字电话网就称得上一个安全的网络。即便有人在电话线上动手脚，充其量只能偷听或盗用个把当事人的电话，不能攻击电话公司，更不能影响到其他无关的客户。今天，在网络安全领域存在着太多需要澄清的误区，那些令人眼花缭乱的技术方案，都不能像大一统互联网那样恰到好处地解决网络安全问题。

下面从分析 IP 互联网安全问题原因的基础上，提出大一统网络根治网络安全的一揽子解决方案。网络安全不是一项可选择的服务，大一统网络的目标不是用复杂设备和多变的软件来“改善”网络安全性，而是直接建立本质上安全可信赖的网络。以下 5 大创新点结合在一起，从结构上确保网络不可被攻击。因此，大一统网络是本质上安全的网络。

1. 网络地址结构上根治仿冒

IP 互联网的地址由用户设备告诉网络；大一统网络地址由网络告诉用户设备。为了防范他人入侵，PC 和互联网设置了繁琐的口令、密码障碍。就算是实名地址，仍无法避免密码被破译或用户稍不留神而造成的安全信息泄漏。连接到 IP 互联网上的 PC 终端，首先必须自报家门，告诉网络自己的 IP 地址。然而，谁能保证这个 IP 地址是真是假。这就是 IP 互联网第一个无法克服的安全漏洞。

大一统网络终端的地址是通过网管协议学来的，用户终端只能用这个学来的地址进入网络，因此，无需认证，确保不会错。大一统网络地址不仅具备唯一性，同时具备可定位和可定性功能，如同个人身份证号码一样，隐含了该用户端口的地理位置、设备性质、服务权限等其他特征。交换机根据这些特征规定了分组包的行为规则，实现不同性质的数据分流。

2. 每次服务发放独立通行证，阻断黑客攻击的途径

IP 互联网可以自由进出，用户自备防火墙；大一统网络每次服务必须申请通行证。由于通信协议在用户终端执行，可能被篡改。由于路由信息在网上广播，可能被窃听。网络中的地址欺骗、匿名攻击、邮件炸弹、泪滴、隐蔽监听、端口扫描、内部入侵、涂改信息等形形色色固有的缺陷，为黑客提供了施展空间。垃圾邮件等互联网污染难以防范。

由于 IP 互联网用户可以设定任意 IP 地址来冒充别人，可以向网上任何设备发出探针窥探别人的信息，也可以向网络发送任意干扰数据包(泼脏水)。为此，许多聪明人发明了各种防火墙，试图保持独善其身。但是，安装防火墙是自愿的，防火墙的效果是暂时的和相对的，IP 互联网本身永远难免被污染。这是 IP 互联网第二项收不了场的安全败笔。

大一统网络用户入网后，网络交换机仅允许用户向节点服务器发出有限的服务请求，对其他数据包一律关门。如果服务器批准用户申请，即向用户所在的交换机发出网络通行证，用户终端发出的每个数据包若不符合网络交换机端的审核条件一律丢弃，彻底杜绝黑客攻击。每次服务结束后，自动撤销通行证。

通行证机制由交换机执行，不在用户可控制的范围内：

(1) **审核用户数据包的源地址**：防止用户发送任何假冒或匿名数据包(入网后自动设定)。

(2) **审核目标地址**：用户只能发送数据包到服务器指定的对象(服务申请时确定)。

(3) **审核数据流量**：用户发送数据流量必须符合服务器规定(服务申请时确定)。

(4) **审核版权标识**：防止用户转发从网上下载的有版权内容(内容供应商设定)。

大一统网络不需要防火墙、杀毒、加密、内外网隔离等消极手段，从结构上彻底阻断了黑客攻击的途径，是本质上可以高枕无忧的安全网络。

3. 网络设备与用户数据完全隔离，切断病毒扩散的生命线

IP 互联网设备可随意拆解用户数据包；大一统网络设备与用户数据完全隔离。

诺依曼创造的电脑将程序指令和操作数据放在同一个地方，也就是说一段程序可以修改机器中的其他程序和数据。沿用至今的这一电脑模式，给特洛伊木马，蠕虫，病毒，后门等留下了可乘之机。随着病毒的高速积累，防毒软件和补丁永远慢一拍，处于被动状态。

互联网 TCP/IP 协议的技术核心是尽力而为、存储转发、检错重发。为了实现互联网的使命，网络服务器和路由器必须具备解析用户数据包的能力，这就为黑客病毒留了活路，网络安全从此成了比谁聪明的角力，永无安宁。这是 IP 互联网第三项遗传性缺陷。

大一统网络交换机设备中的 CPU 不接触任意一个用户数据包。也就是说，整个网络只是为业务提供方和接收方的终端设备之间，建立一条完全隔离和流量行为规范的透明管道。用户终端不管收发什么数据，一概与网络无关。从结构上切断了病毒和木马的生命线。因此,大一统网络杜绝网上的无关人员窃取用户数据的可能,同理,那些想当黑客或制毒的人根本就没有可供攻击的对象。

4. 用户之间的自由连接完全隔离,确保有效管理

IP互联网是自由市场,无中间人;大一统网络是百货公司,有中间人。

对于网络来说,消费者与内容供应商都属于网络用户范畴,只是大小不同而已。

IP互联网是个无管理的自由市场,任意用户之间可以直接通信(P2P)。也就是说,要不要管理是用户说了算,要不要收费是单方大用户(供应商)说了算,要不要遵守法规也是单方大用户说了算。运营商至多收个入场费,要想执行法律、道德、安全和商业规矩,现在和将来都不可能。这是IP互联网第四项架构上的残疾。

大一统网络创造了服务节点概念,形成有管理的百货公司商业模式。用户之间,或者消费者与供货商之间,严格禁止自由接触,一切联系都必须取得节点服务器(中间人)的批准。这是实现网络业务有效管理的必要条件。有了不可逾越的规范,各类用户之间的关系才能在真正意义上分成C2C(consumer to customer)、B2C(business to customer)、B2B(business to business)等,或者统称为有管理的用户间对等通信(MP2P)。

5. 商业和管理规则植入通信协议,确保盈利模式

IP互联网奉行先通信,后管理模式;大一统网络奉行先管理,后通信模式。

网上散布非法媒体内容,只有造成恶劣影响以后,才能在局部范围内查封,而不能防患于未然。法律与道德不能防范有组织有计划的"职业攻击"。而且法律只能对已造成危害的人实施处罚。IP互联网将管理定义成一种额外附加的服务,建立在应用层。因此,管理自然成为一种可有可无的摆设。这是IP互联网第五项难移的本性。

大一统网络用户终端只能在节点服务器许可范围内的指定业务中,选择申请其中之一。服务建立过程中的协议信令,由节点服务器执行(不经用户之手)。用户终端只是被动地回答服务器的提问,接受或拒绝服务,不能参与到协议过程中。一旦用户接受服务器提供的服务,只能按照通行证规定的方式发送数据包,任何偏离通行证规定的数据包一律在底层交换机中丢弃。大一统网络协议的基本思路是实现以服务内容为核心的商业模式,而不只是完成简单的数据交流。在这一模式下,安全成为固有的属性,而不是附加在网络上的额外服务项目。当然,业务权限审核、资源确认和计费手续等,均可轻易包含在管理合同之中。

5.8.6 定义网络管理的新高度

网络管理是一项古老的系统任务。今天,主要有两大技术体系,分别是TMN

和SNMP：

(1) 电信管理网络(telecommunications management network，TMN)，专门管理电话网，提供单一的语音服务。

(2) 简单网管协议(simple network management protocol，SNMP)，专门管理互联网中松散关联的设备，提供简单数据传输服务。

根据国际标准化组织ISO/IEC74984文件定义，网络管理必须具备5大功能：

(1) 配置管理(configuration management，CM)；

(2) 性能管理(performance management，PM)；

(3) 故障管理(fault management，FM)；

(4) 计费管理(accounting management，AM)；

(5) 安全管理(security management，SM)。

我们知道，上述两种网络管理系统和ISO的定义都诞生于窄带年代，那时每秒几千比特带宽和每秒几千指令运算力严重限制了系统的处理能力。

今天，不仅管理资源(带宽和运算力)增加了千倍以上，其实，管理对象反而变得简单了。过去庞大的设备需要复杂的部件管理，今天都集成到了单一的芯片上，过去的管理对象已经消失了。例如，TMN中最复杂的Q界面，已经没有存在的必要。

时代不同了，本书认为，窄带时期的思维模式和技术手段必须铲除，才能建立起全新的宽带管理模式。大一统互联网的目标是建立在大规模视频通信基础上，满足消费者丰富多彩的新需求。由于网络管理的资源变了，对象变了，需求也变了，整个网络管理的环境大大改变了，因此，大一统互联网不能与传统网络同日而语，必须抛掉老黄历，创建一个网络管理的新高度。

大一统网络改变传统网络管理思路，通过动态的软启动和软复位程序，如图5-3所示，具备了快速适应设备和拓扑结构调整的自学习能力。网络管理将传统网络中的配置、性能、故障和安全等功能融合到一组协议流程中，实现全网设备即插即用(Plug & Play)。

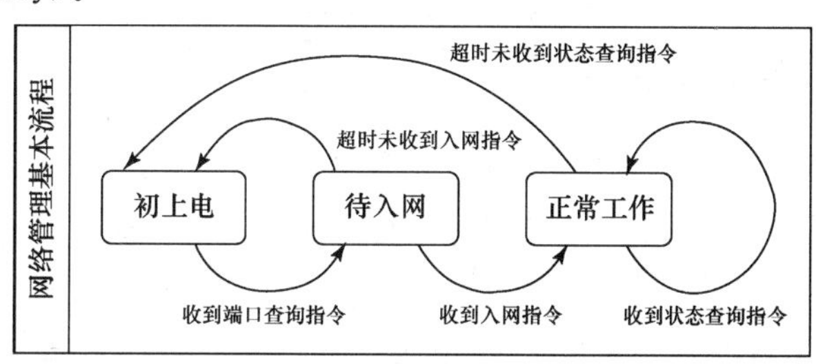

图5-3 大一统网络的动态软启动和软复位流程

1. 软启动流程

设备在入网前,并不知道自身在网络中所处的地址,同样,服务器也完全不知道交换机端口的连接情况。服务器只能试探性地向可能连接网络设备的地址,即正常工作交换机的未连接端口,发送端口查询指令。将确切地址告诉可能存在的连网设备,使得连接在该端口的网络设备启动入网程序,或称为软启动(soft stater procedure,SSP)。

服务器根据正常工作的交换机得知其端口地址及层数,并将此信息包含在端口查询指令中,网络设备从端口查询指令中学习得到其位置信息,如地址、层数、途经交换机节点等,并向服务器回复端口查询应答指令,其中告诉服务器关于本设备的固有信息,如标识、类型、掩码宽度等。服务器将根据这些信息为此设备建立档案,即设备信息表。

若服务器定时(查询周期)向所有可能连接网络设备的地址发送端口查询指令,将使任何时间连网的任何合法设备在几个查询周期内迅速自动入网。

2. 软复位流程

从另一个角度,服务器定时向所有正常工作的网络设备发送状态查询指令,或称为网络心跳(heartbeat)。状态查询指令中包含了被查询设备的标识,因此查询过程针对被查设备具有唯一性。网络设备在应答指令中,包含自身和周边环境的状态信息,由服务器作智能判断。若服务器连续几个周期停止向某设备发送状态查询指令,现场设备内部的看门狗(watchdog)就会迫使该设备退网,或称软复位(soft reset procedure,SRP)。同样道理,若现场设备脱离网络,如下电或故障,服务器在几个周期内收不到该设备发回的状态查询应答指令,服务器信息表中的看门狗就会迫使该设备进入未连接状态,并根据设备的重要程度向网络管理员发出警告,或直接启动故障处理程序。

大一统网络的软启动和软复位程序看起来寥寥数语,其实代表了宽带网络管理领域划时代的变革。读者值得花时间去思考上述网络管理的基本思路。因为篇幅有限,本书不打算在技术上过于深入。结论是,配合其他技术手段,大一统网络的软启动和软复位程序实现了以下网络平台和用户管理功能:

(1) 能够通过自学习过程扩展网络疆域和拓扑结构。

(2) 能够实现大一统网络无线接入、异地漫游和车载通信。

(3) 无需任何现场参数设置,能够实现全网设备即插即用。

(4) 能够实现结构上的网络安全,避免 IP 网络的重大安全漏洞。

(5) 能够在一个流程中融合网络容错、故障排除、流量工程和传输品质保障。

(6) 注意，大一统网络管理不包括传统的计费管理，因为大一统网络实行每次服务独立计费的商业模式，计费属于业务管理的范畴。

5.8.7 异构网络融合原则与孤岛价值

异构网络泛指不兼容的网络，例如：IPv6、GENI、大一统网络都与传统IP互联网不兼容。众所周知，当前互联网性能不佳，导致网上应用局限在不需要丰富带宽资源的快餐式服务，如搜索引擎、FaceBook、Twitter之类。因此，为了促进网络经济发展，建设新一代互联网是不可回避的唯一出路。与此同时，我们必须正视，今天的IP互联网已经发展到无所不在的境地。因此，任何新网络的发展都不能损伤传统服务，尤其是IP互联网。因此，在相当一段时间，新网络必须与IP互联网共存。

如何实现异构网络共存？一般有“隧道”和“双模”两大类方案。双模方案实际上就是两个独立网络，各自的业务难以融合，因此，不在本书考虑之列。隧道方案进一步分为两种模式：

(1) 用已具规模的传统网络承载新网络，例如：用电信ATM网络承载初创期的IP互联网，用当前的IPv4互联网承载IPv6。这种工作模式的最大优点是利用传统网络成熟覆盖面，帮助新网络迅速大面积扩展。但是，这种工作模式的缺陷是新网络的品质受到传统网络的限制，互联网上承载的应用品质难以超越互联网本身，因此，价值不大。

(2) 用不具规模的新网络承载传统网络，由于新网络的品质高于传统网络，显然，新网络能够透明承载传统网络。也就是说，在新网络所到之处，用户感觉不到传统互联网已经改换为新网络承载。更重要的是，我们能够在新网络覆盖范围内，提供优于传统网络的新业务。当然，这种工作模式最大缺点是新网络只能在少数孤岛启动，距离连成大网看来很遥远。但是，如果每个孤岛都能产生现金流，支撑该孤岛的网络建设，那将发生戏剧性的变化。其实，孤岛不可怕，现金流是关键，也就是说，具备吸引用户付费的服务能力。这就是大一统互联网成功的秘诀，请看本书下一节的详细论述。

5.9 大一统互联网的推广路线图：创新互联网商业模式

行家们心里清楚，下一代互联网真正的难中之难是要求解决难题的同时，维持网络正常运行，甚至不断扩展。难怪，互联网业内的顶级专家们发自内心的绝望呼叫：实现互联网结构创新好比是为正在飞行途中的飞机更换发动机。也就是说，不可能的使命。

但是，事实并非如此，请读者不要悲观，大一统互联网并不遥远。

包括远程视频交流在内的通信网络是人类自古以来的梦想。今天，实现这一梦想的基础资源(IC芯片和带宽)早已充分丰盛，而阻碍实现梦想的只是一种人为的网络技术。本书认为，人类社会发展不能被少数几家网络设备厂商所绑架。其实只要毫不犹豫地抛弃IP网络技术，大一统互联网简单易行，甚至可以说，十多年前就具备了大规模推广的可行性。

大一统网络理论的重要贡献在于指明了：未来网络只要满足视频通信的透明传输，其他一切业务都将转移到与网络本身无关的内容层面。在这一理论指导下，允许大一统网络在不同区域独立发展，也就是说，在无数个局部区域复制成功模式，迅速推广，连成一片。

传统互联网催生了一种通过免费服务吸引眼球，迅速掌握大量用户群，然后从定向广告中赢取利润的商业模式。今天，这种商业模式似乎已经习以为常，成为互联网公司的固定套路。但是他们忽略了实实在在创造用户现金流的传统商业模式。实际上，发展视频互联网的商业模式不在广度，而在深度。这就颠覆了当前业界普遍认同的互联网商业模式。

当然，实现大一统互联网的路线图需要分几步，关键在于：

(1) 每一步都能避开传统势力的阻拦，或者说，不损伤传统服务。

(2) 每一步都能为消费者、运营商和投资人创造价值，或者说，用户愿意买单。

5.9.1 第一步：透明承载IP数据，吸纳区域有线电视

我们有信心，凭借大一统网络的业务优势，逐步蚕食IP互联网的地盘，直至完全替代。

读者一定会问，由互联网联盟推崇的IPv6问世二十多年还看不到取代IPv4的迹象，大一统网络凭什么能成功?

其实，原因很简单。由于IPv6的主要业务与IPv4重叠，结构上互不兼容，导致大量没有实际价值的重复投资。另一方面，IPv6业务改良的程度达不到可称为“下一代”的境界，因此，自然没有消费者愿意为IPv6买单。大一统网络显然不能沿用IPv6的推广模式。

大一统网络的推广策略为：接入网资源共享，骨干网业务分离，避免重复投资，服务能力本质差异，确保每一步有足够的现金流支撑。

实际上，先在局部区域建设大一统网络的示范区，主要提供两项服务：

(1) 透明承载IP互联网；

(2) 卓越的网络电视，功能和性能远超传统有线电视。

1. 透明承载IP互联网数据

先从局部地区开始，例如多个居民小区。在确保大一统网络唯一性的前提下，通过透明隧道将IP互联网整体平移到大一统网络平台上。原有网站和用户PC软件都维持不变，对于视频新网络来说，这是一项相对小流量服务，就好像在铁路系统中附带的邮政业务。

大一统网络承载IP数据的原理如下：

(1) 在用户接入端，即底层交换机，根据终端地址格式区分IP/MAC和大一统网络数据包。

(2) 用大一统网络数据包封装MAC数据，共享接入网，包括物理线路和无线带宽。

(3) 在网络服务节点，分流并恢复原始IP/MAC数据包，引导进入分离的IP骨干网。

实际上，消费者完全察觉不到现有互联网基础已被替换。在可管理的大一统网络上承载IP互联网，可以顺便附加一些有用的功能，例如，家长可以按时间随意定制网络带宽。在孩子做功课和就寝时段，有选择地关闭或降低互联网带宽，防止孩子沉溺于网络游戏。

2. 有线电视是培育大一统网络的第一层肥料

每一个局部网络建设必须由强壮的现金流来支撑，当地有线电视服务费自然成为培育新网络的肥料，个性化电视服务就能带来充分的现金流支付本地网络建设。大一统网络所到之处，卓越的个性化网络电视直接替代当地有线电视，提供全高清的视频电视、视频点播、视频部落格、视频邮箱等服务。显然，与互联网上的免费视频不同，网络电视的第一要素是“有料”，达到客厅观赏级水平，能够提供消费者认为有价值的服务，并愿意为此服务支付费用。

由此可见，大一统网络示范区(局部网络)已经具备了可盈利的商业模式，至少能收回建网成本。有了这一原动力，成功的模式可以大量复制，不断扩大示范区，并且连成一片。在上述推广过程中，设备和管理成本下降，定向广告价值上升，形成大面积复制的有利条件。

5.9.2 第二步：用户自建不一样的无线通信

无线网络带来的便利性是未来消费者服务的必然趋势，但是，大规模贴近消费者的无线网络服务必须依赖高性能有线固网的支撑。而且，无线与有线应用密切交融，在社区和家庭密不可分，大量的网上内容都在有线固网上传递。当前，移动通信和传统电信分离的网络架构实际上建立了两张重叠的网络，仅在少数节点上通过网关互联，各自具有难以弥补的局限性，造成网络服务长期萧条和网络资源巨大浪费。

如前所述，大一统网络的主要特征之一是可管理的“带宽按需随点”，这种可管理性能够自然延伸到无线领域，成为“可管理的 WiFi”。也就是说，大一统网络的可管理性延伸到无线微基站的覆盖范围和服务计费上。因此，自然成为区别于当前无线网络的杀手锏，提供前所未有的有线同质化无线服务，锁定基本用户群。

当个性化网络电视示范区规模的扩展超过大部分人的日常活动范围，例如一个城市。在大一统网络覆盖的区域内，用户和商家在各自管辖区域内部署可管理的廉价微基站，余下公共场所的微基站由运营商部署，这就形成一个独立的无线城域网。只要达到一定的用户需求量，设备厂商愿意为城域网提供量身定做的无线终端。大一统网络强大的计费管理能力，能够将部分无线接入费分享到微基站提供者的账户，成为用户自行建立无线微基站的原动力。另外，大一统网络强大的带宽管理能力，能够通过技术手段自动协调大量微基站的入网规则，包括不当入侵别人的管辖区，以及超过规定的发射功率等。

在中等规模区域，大一统网络能够提供高品质视频化的电子商务、远程教育、和社交网站等。显然，此类与传统差异化的服务能够获得用户月租和本地广告收入。在城市范围，以远程人工智能为核心的超级云计算将成为新一轮可收费的杀手应用。实际上，电视、电脑和手持设备能够共享高品质视讯内容和无需下载的接收方式，实现真正意义上的“三屏融合”。

综上所述，大一统网络整合固网和无线网络，整合以后的统一网络能够大大超越传统无线和固网服务的总和，极大地提升了社会资源配置的合理性，有效推动人类社会进步。大一统互联网的发动机是背后巨大的网络经济，这项整合带来的社会价值足以冲垮那些既得利益者构筑的路障。因此，固网和无线，或者说，互联网和移动通信整合成一体化的超级网络只是迟早的事。本书第 6 章详细论述了基于大一统网络的无线微基站服务能力和建网方案。

5.9.3 第三步：白赚一棵视频通信摇钱树

随着大一统网络覆盖面的扩展，尤其是超越城市范围，另一项网络服务浮出水面，这就是视频通信。其实，视频通信是一项古老的需求，可以追溯到千年以上的神话故事中。

视频通信的发展过程与当年电话网络相似，从本地电话到长途电话。早在上世纪 60 年代，AT&T 成功实现了可视通信。但是，几十年来未见规模化发展，不少人开始怀疑是否有市场需求。其实一点也不奇怪，过去曾有许多骑马高手怀疑过火车的实用性，爱迪生发明的电灯曾被“科学地”认定不如煤气灯实用。当年美国第 19 任总统 Rutherfor Hayes 观看贝尔电话演示后说：“这是一项神奇的发明，但是谁要用它呢?”，因为那时电报已经成为远程传递消息的便捷工具。由于视讯主要带来信息之外的辅助感受，如果市场不普及视频通信，消费者不会自动产生需求。就像在马车时代，民众不会凭空提出汽车需求。因此，差的视讯没有价值，贵的视讯没有必要，操作麻烦的视讯懒得用。但是，一旦用上了，养成习惯，视频通信会成为日常生活离不了的基本元素。

随着“个性化网络电视示范区”的扩展，几乎零成本的高品质视频通信业务缓慢起步。尽管有用户适应过程，但是后劲足，流量巨大的视频通信将奠定大一统网络不可替代的地位。视频通信业务特点是需要一个较大的起始群体，一旦超过数量门槛，用户价值随用户平方呈指数增长，大一统互联网的推动力自然地从媒体转向通信。前面说过，在大一统互联网上，高品质实时视频通信只是最基本的服务，或者是几乎零成本的服务。但是，相对于 IP 互联网，却是最难的服务，或者是办不到的服务。

什么是视频通信? 无非是在 40 年前的数字语音电话(64Kbps)基础上，增加带宽 200 倍达到高清电视水平(12Mbps)而已。要知道，同期骨干网带宽增加了百万倍。

对于消费者来说，大一统互联网带来“视频服务，语音收费”或“专网品质，公网价格”。对于网络运营商来说，随着个性化电视和同质化无线服务逐步普及，不断复制可盈利的商业模式。突然有一天，发现大规模视频通信已经成为主营业务之一，运营商白赚了整个视频通信能力，带来源源不断的稳定现金流。也就是说，消费者视频通信服务，几乎零成本传递用户摄像机未经加工的“生内容”，铸就大一统互联网的百年大计。

5.9.4　最后一步：迈向真正的大一统

站在视频通信角度，整个大一统互联网可以想象成广义的电话网，只不过用户电话机换成了电视机和摄像机。有些用户不要电话机，而用自动应答录音机代替。如果有些用户安装了许多录音机，这就是网络硬盘存储阵列。有些用户租用很大的邮箱，并向其他用户开放，他们就称为“内容供应商”。有些用户的摄像机一直开着，并向其他用户开放，他们就称为“电视台”。在大一统互联网上只要获得许可，任意用户都可以申请成为内容供应商或者电视台。如果说到互联网电脑信息服务，大家不会忘记过去的拨号上网，今天大一统网络能够提供虚拟超级调制解调器(modem)可自动拨号，并任意设置带宽。事实上，我们想象不出还有哪一项服务不能在上述广义的电话网上实现。

只要大一统网络达到一定用户规模，自然有人会将IP互联网业务移植到大一统网络，并且开发出混合服务，即真正的多媒体服务。显然，这一过程是单方向的，同时伴随了巨大的经济利益，自然会愈演愈烈。只要有一小部分新应用不能在IP互联网上实现，传统IP互联网就将不可避免地走向不归路，最终，就像电报和传呼机一样退出历史舞台。实际上，走到这一步已经完成了为高空中的飞机更换发动机的壮举。

面对未来网络，不能依靠小技巧和小聪明，在窄带思维空间内寻求出路。必须具备创新网络基础理论的大智慧，从根本上重建宽带思维模式和全球网络新环境。实际上，大一统互联网的核心就是实现终极网络。

我们相信，未来网络必将大整合，或者说，大一统，具体表现在以下两个方面：

(1) 从内容角度：整合媒体、娱乐、通信和所有类型的信息服务；

(2) 从结构角度：整合固网、移动通信和传感器网络。

展望未来，传统电话网络和有线电视，由于服务单一，将被率先替代，成为网络创新的肥料。实际上，当前的强势网络是互联网和移动通信网。我们看到，互联网初期取得巨大成功，但是，如今弊病缠身，网络经济长期陷于低迷。类似地，移动通信网络也是初期(2G)取得巨大成功，但是，如今3G大部分亏损，LTE和4G难以扭转局面。

我们的研究结论是，两大领域从初期盛况逐步衰退的通病，就是不按视频决定论办事。或者说，只要遵循大一统网络世界观，这两大领域都会出现翻天覆地的进步。实际上，打下互联网江山，打下移动通信江山，充其量是各占一方的诸侯。大一统网络世界观告诉我们，未来一统天下的王者是视频通信。令人难以置信，视频通信极其简单：第一，在语音通信的基础上；第二，扩大带宽几百倍。

非常不幸，网络现实透露了无奈的真相：

(1) 传统互联网以文件为主，尽管扩大带宽不难，但是，文件的子孙驾驭不了语音原理。事实是，今天最好的IP电话，使用最贵的网络，最复杂的终端，其品质还不如100年历史的PSTN服务。

(2) 传统移动通信以语音为主，尽管语音是本分，但是，移动的后代不知如何扩容几百倍。

如何面对未来网络大一统？

本书认为，当前网络一定要割去阻碍统一的恶性肿瘤。

本书给互联网开的药方是，放弃今天尽力而为模式，网络基础整体转到流媒体架构。在满足大规模视频通信前提下，抽象文件传输效率不必在乎，舍得丢芝麻，才能得西瓜。

本书给移动通信开的药方是，放弃在今天宏蜂窝架构上继续投资，趁着现在手里掌握资源，快快找一个安全着陆地，把资产结构调整到以固网为中心的微基站架构上来。

但是，这些建议无疑要改变祖宗家法，可惜，两个王朝命运都掌握在一些既得利益者手中。因此，为了广大消费者的利益，为了人类社会的整体利益，看来一场网络大革命难以避免。大革命，就是要建立异姓王朝，也就是说，创立全新的理论体系。

大一统互联网理论认为，所谓"网络服务"无非是通信、媒体、娱乐和信息四类；所谓"网络传输"不外乎是即时和存储两类；所谓"网络内容"不过是电脑文件和视音流两类；所谓"网络载体"有有线和无线两类。大一统互联网在统一基础结构上，全面覆盖上述全部网络服务、网络传输、网络内容、网络载体，能够向每个用户的多台终端同时提供多路服务。未来新的杀手应用难以预测，但总是离不开上述四种服务、两种传输、两种内容和两种载体。而且，创新应用最有可能出现在上述工作模式和媒体类型的交界处。因此，大一统的网络平台有能力将过去、现在和未来的服务一网打尽，或者说，实现通信网络的终极目标。

显而易见，在大一统网络覆盖的区域内，传统互联网服务将自发地迁徙到新的网络平台。

此次大迁徙的动力来自于以下 3 个方面：

(1) 实时高品质传输大大改善了网络服务能力。

(2) 无线和有线同质化服务能力大大提升了网络应用价值。

(3) 安全有序的网络商业环境大大促进了以内容消费为基础的网络经济。

回顾上述几个发展阶段，实际上，推广大一统互联网的秘密只是一个反传统的网络理论和一个可复制的局部盈利商业模式。当前，网络建设的基础资源已经充分丰盛，在大一统互联网的大餐上，传统服务无非是几道开胃菜。大一统网络的核心价值在于整个网络的生态环境。传统互联网业务必须同未来网络影视内容产业和实时视音交流在一个平台上实现价值互补、业务融合和资源共享。根据网络黑洞效应，没有任何力量能够阻拦大一统互联网吸纳和替代传统四大网络：电信、有线电视、互联网和无线通信，并且，开辟了传统网络可望不可求的市场空间，即云时代的网络新世界。

推广大一统互联网很难吗？不，完全不难。按照本书论述的路线图，每一步都足以产生自身建网所需的现金流，这就是价值驱动的解决方案。实际上，以战养战形成可持续的扩展模式，促进网络经济井喷。

通过充分论证必要性和可行性，本章的结论是大一统互联网近在眼前。

第6章

边界自适应微基站无线通信网络

当前无线领域主要有两大网络体系，分别是移动通信和无线局域网。第二代移动通信(2G)取得了巨大成功，但是，接下来的3G却远不如2G。由3GPP领军的长期演进计划(long term evolution，LTE)希望能为移动通信开创新局面。但是，面对不堪重负的通信带宽，大部分移动运营商背弃初期承诺，自降服务水平，无奈地撤销不限量数据业务。事实是，3GPP－LTE(包括两家竞争者)，不论多么努力，耗费多大资源，还是不及2G那样成功的高度。今天，3G网络收益主要依赖传统的2G业务。有趣的是，3GPP用了一个前所未有的新词“长期演进(LTE)”，言下之意，似乎还不知道未来目标是什么，下一步将如何演进，也不知道要演进多久，反正先把概念提出来“绑架”了消费者再说。

另一个无线体系是从无线局域网开始，由WiFi联盟领军，目标是在小范围内提供移动性。为了扩大覆盖区域，2001年成立WiMAX论坛，参与移动通信竞争。但是，WiFi和WiMAX都面临“四不一没有”困境，即带宽不足、漫游不方便、网管不强大、系统不安全，以及没有杀手应用。当前所谓的“无线城市”基本上靠政府买单，或其他业务补贴，直接经营收入难以支付维护成本。

我们知道，2G无线网络的主要业务是语音，显然，2G的成功建立在一个事实，即语音品质与固网相仿。当前两大无线阵营都把目光聚焦在无线多媒体上，问题是，他们提供的无线多媒体品质能够与固网相提并论吗？答案是差得很远。

实际上，问题的焦点不在于新奇的应用，而是基本的带宽资源。本书认为，沿着LTE的宏基站演进路线，根本不可能抵达无线多媒体的彼岸。无奈地，两大阵营只能将无线通信市场局限在简单的信息传递和所谓的“碎片化”时间。实际上，就是把有线网络应用/降格成无线水平，严重拖累了网络经济的发展潜力。

本书提出的微基站概念是相对于当前蜂窝网宏基站而言，大幅度缩小基站覆盖半径，意味着减少单个基站服务用户数，等效于大幅度增加每个用户的可用带宽，充分满足未来无线通信带宽需求。这个看似简单的方法会遇到许多复杂问题，其中，边界自适应是具代表性的对策。边界自适应的微基站网络目标是，找到切实可行的方法，从本质上充分提升无线通信带宽和传输品质，把无线做得与有线一样好。请注意，这里所说的有线，不是指品质低劣的IP互联网，而是指高品质的大一统网络，提供包括视频通信在内的有线同质化服务。

在城市人流密集的热点区域，如校园、咖啡茶室、商场、展会、运动会、车站、候机楼等。这些区域移动终端密度大，一旦普及宽带业务，带宽需求将远远超过传统基站的能力。微基站网络通过集中管理的高度密集基站群，在空间上分割人群，相对降低每个微基站服务区内的终端数量，如果基站间距缩小到10米以下，系统带宽增益可达万倍以上。

在高密度居民区，无线信号完全重叠，边界自适应的微基站网络从结构上确保无线频谱的管理能力。无线网络的动态时隙和发帧权中心控制机制，能够消除信号间互相干扰，同时，严格防止侵占他人的网络资源。

在乡村地区，无线基站能够自动放大覆盖半径达1公里以上，兼顾用户大量集中和少量分散的分布状态。如果发现某一区域带宽不够，只需在那里加装基站，如同照明不够的角落增加几盏路灯。边界自适应的微基站网络多向发射功率和天线波束控制、以及基站即插即用机制，能够自动缩小周边基站的覆盖范围，在该局部区域内提升系统带宽能力。

在铁路和隧道沿线，微基站单方向排列，无线网络能够实现高速车载移动通信。当无线终端以数百公里时速穿越无数个微基站时，可能每个基站只收发几个数据包，甚至一个数据包都来不及发送。边界自适应微基站网络的高速无损切换机制，能够确保实时互动高清视频流的原始丢包率控制在万分之一以下(0.01%)。

综上所述，无线网络不再需要“规划”，只要随时增设基站，就能按需获得无线带宽的能力。根据边界自适应微基站原理，未来的基站数量可能比终端多，基站价格比终端便宜。在不远的将来，我们可以在超市里买无线基站，像电灯泡一样，回家自己安装，无需任何参数和密码设置。

如图6-1，本章引述香农信道极限理论证明，大幅度提升无线通信带宽不能仅靠提升频谱效率，出路在于微基站网络。并且，论述边界自适应微基站网络的核心技术和推广方法。

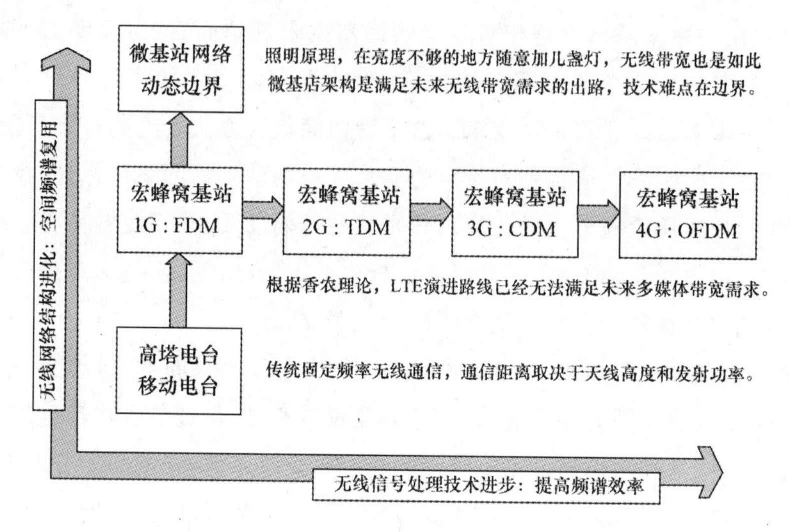

图 6-1　无线通信网络发展方向

6.1　无线通信的终极目标：有线同质化服务

在进一步讨论无线网络之前，必须首先澄清有关的基本原理、目标和方法。实际上，当前移动通信阵营忽略了基本功课，却提出眼花缭乱的演进计划，甚至偷换系统带宽与峰值带宽的概念，误导消费者。

这里所说的基本功课就是两个简单的问题：

(1) 未来许多年以后，无线通信网络需要多少带宽？

(2) 在当前的宏蜂窝网络架构基础上，最多能够增加多少"系统总带宽"？

我们知道，2G 以后，无线网络的下一个成功取决于下一个大规模高回报的应用，这就是包括视频在内的移动多媒体网络。我们认为，未来无线网络成功的标志是：非语音业务占据网络运营收益的绝对主导地位。实际上，视频数据量远高于语音，一旦触发了视频应用，随之而来的必然是品质、费用、用户量和满意度等无休止的纠缠。这是一个可怕的潘多拉盒子，必然重现今天视频业务对 IP 固网冲击的噩梦。好在 IP 固网可以有幸简单扩容，然而，LTE 难以扩容，因此，不应该向消费者许诺不切实际的业务。视频是一头巨兽，从语音到视频是一个网络带宽的大跳跃。这个带宽跳跃称为视频门槛，达到这一门槛，其他一切服务都包含在内，就是光明前景。达不到这一门槛，对不起，在半道上花多少力气都是白搭。我们必须牢记，未来无线网络的使命是降服视频巨兽，而不是降低消费者标准。

可见，前面提出的第一个问题的答案很简单，为了满足未来视频应用需求，唯一的出路就是品质保证的无线带宽至少扩容数百倍。对于第二个问题，没有人否认 3G 比 2G 好，当然，4G 还会更好。一个网络建成后，总会有人手发痒，试图做些改进。当然，他们还能证明新网比旧网好。但是，这些人往往忽略一个问题，重建新网的代价是多少？更重要的问题是，新网络能否激发下一轮大规模高回报的新业务？

仔细阅读 3GPP-LTE 的技术文档，得出以下结论：

(1) LTE 提升带宽的手段之一是使用更多频段，注意，这个办法 2G 也可以用，不必演进。

(2) 3GPP 还通过两次演进，提升频谱效率 3～6 倍(LTE：2～4 倍，LTE-A：1.5倍)。

(3) 这样的演进与原来的网络不兼容，需要重新购买基站和终端设备。

我们知道，OFDM 技术处理单信道带宽能力大大增加，看上去，4G 峰值带宽可达几百 Mbps。但是，在一个宏基站覆盖范围内大量用户共享，每户所得极为可怜，根本不足以支撑真正的宽带业务。也就是说，4G 系统总带宽，或用户服务能力只是略有改善。没有足够系统带宽，移动云服务只能是个玩具。

因此，对于第二个问题的事实真相是，移动通信工业努力 15 年，系统总体服务能力增加极其有限，远不够满足未来无线带宽需求。

6.2　解读香农信道极限理论

香农(Shannon)理论[4]是指导窄带通信网络发展的纲领，这里特别说窄带通信，为了强调带宽是无线通信网络的首要资源。对于窄带通信网络来说，香农理论告诉我们，在有噪音的环境下，信道容量的极限(C)取决于两个主要参数，频谱宽度(W)和信号噪声比(S/N)。其简单关系如下：

$$C = W\,\mathrm{Log}(S/N)。$$

当前无线通信领域，多种技术激烈竞争，在行业内吸引了不少注意力。但是，今天这种竞争已经演变成比谁跑得快，或者说，是一场比谁能更加逼近香农理论极限的竞技表演，竞争者们忘记了最终的使命是什么。在移动通信市场，消费者不会花钱买技术，而是买服务。

在资源丰富的宽带世界里，我们应该从另外一个角度解读香农理论：

首先,香农告诉我们一个带宽极限值。问题是:达到这个极限就够了吗?根据视频业务需求,采用LTE的宏蜂窝结构,这个极限值与实际需求相去甚远。事实上,就算达到了这个极限值,还是不解决问题,那么,为了逼近极限煞费苦心岂非多余?香农极限理论明确指出,无线带宽与芯片运算力不同,不遵循指数式进步的摩尔定律。因此,无线网络不能走PC发展多次温和改善,或者说,"长期演进"的道路。

第二,香农极限是一个对数函数,众所周知,Log函数的特征是越往高走,收获增益越小。也就是说,不论多么漂亮的技术,在极限值附近花力气,即提高频谱效率一定事倍功半。事实上,按照每Hz频谱产生多少bit带宽来看,无线工业过去15年潜力几乎已经挖尽,提升频谱效率的总和只有10倍左右。当前移动通信和无线局域网两大阵营的技术差不多,即LTE、IEEE802.11n和ac都用了OFDM/MIMO技术。

第三,香农公式中的一个重要参数是频谱宽度(W)。受到电磁波本质限制,适合无线通信的频谱只有一小段,因此,频谱是极为宝贵的公共资源。曾有人向美国无线电管理机构(federal communication commission, FCC)建议,把广播电视频段改用于移动通信。但是,由于低频端频谱总资源稀缺且天线体积过大,高频端频谱不适合有障碍和移动环境,因此,大幅扩大频谱宽度难以操作。

最后,香农公式中另一个关键参数是信噪比(S/N),其中假设噪音(N)恒定。电磁学原理告诉我们,不同的天线结构和无线频率,信号强度(S)随发射天线距离的平方至四次方迅速衰减。也就是说,无线通信的"黄金地段"只是在天线附近而已。

说得明白点,提升无线带宽只有3条路:改善频谱效率、使用更多频段和提高频谱复用率。香农告诉我们,前两条改善空间都不大,唯有提高频谱复用率能够为我们带来潜在无限量的无线带宽。简单计算得出结论,覆盖半径从3公里缩小到50米,相当于有效频谱资源放大3600倍。不断缩小覆盖半径,最终导致无线通信退化成有线固网近距离接入手段。

跳出传统思维定式,其实电磁波弥漫在空中。我们每个人周围的短距离内,电磁波传输环境良好,与个人需求相比,电磁波带宽充分丰盛。但是,如果一个数千人群体,中间一定有许多墙体遮挡。分布环境复杂,需求总量扩大千倍,电磁波带宽必然成为一个稀缺资源。

香农告诉我们,当前移动通信阵营违背了上述规律,其演进方向可以概括为,在理论极限附近,狭隘地改善无线频谱效率。这是在戈壁滩上种庄稼的策略,努力耕作流尽汗水,永远改变不了带宽饥饿命运。

香农告诉我们，强迫用户去使用远方的电波，显然不是个有效的主意，人为地将原本简单的问题复杂化。因此，遵循香农理论，采用低功率无线微基站结构，通过空间隔离，无数次重复使用相同的频谱资源。这就是把房子全部盖在黄金地段的策略。

香农告诉我们，不论用户密度有多高，只要适当调整发射功率，理论上总是能够部署足够多的无线基站，将用户信号从干扰中区隔开来。因此，无线基站就像电灯一样，天黑了，我们只需照亮个人的周边活动环境，而不是复制一个人造太阳。同样道理，人体周围的无线频谱资源充分富裕，不必使用远距离的电波，违背常理，舍近求远。另外，由于用户周围平均电磁辐射量大幅降低，微基站显然是个健康和节能的方案。

综上所述，香农理论归结为一句话：为了将无线网络品质和容量提升到接近有线网络水平，微基站是唯一的出路。因此，我们应该尽快启动微基站方案，早日满足消费者需求，避免宝贵的时间和资源浪费在半道上。

6.3 把微基站理念发挥到极致

本书认为，建设未来无线网络的主要出路在于宏观上选择正确的拓扑结构，而不是在微观上强化传输技术。也就是说，首先，必须认定微基站方向，其次，再看看有什么辅助技术可以配合。大一统无线网络的本质是用有线优越性化解无线难题。下面分析微基站的技术理念，并引申出动态边界的构想。

首先，突破传统宏蜂窝网络架构，采用中央密集时分和精确功率控制，将频谱复用率优势发挥到极致。这个方法还放松了对频谱效率的追求，扩大基站数量，同时减低基站成本。通过精确管理，把大一统地面网络延伸到无线领域。

其次，根据本书理论，推导出微基站网络的设计策略：

第一，微基站网络增加整体无线带宽的主要手段是牺牲单个基站的空间覆盖范围，换取增加全系统的带宽容量，即大幅度提高频谱复用率。由于空间面积与基站覆盖半径之间，存在平方关系，从宏蜂窝到微基站，系统局部带宽提升潜力可达万倍以上。

第二，既然微基站带来充分的潜在带宽资源，那么，我们只需使用天线附近的优质带宽，配合防止信号干扰的措施，就能够满足系统高品质的传输要求。或者说，采用多基站深度交叉覆盖，放弃使用弱信号的边缘区域，牺牲基站覆盖面积换取实时无线传输高品质。

第三,如果单个基站的覆盖范围小和基站密度大,必然引发无线信号干扰,无线终端在不同小区之间频繁切换,以及大量基站的管理成本。所有这些问题都必须从全局角度谋求解决,也就是说,用宏观的高性能固网优越性,解决微观的无线网络难题。

第四,既然使用大量微基站,或者说,基站密切贴近用户,那么,自然采用不均匀的基站安装位置和动态基站边界调整手段,使资源配置跟踪需求分布的变化。实际上,边界自适应微基站网络用精确的管理方法,突破传统宏蜂窝系统架构,按需动态配置基站覆盖范围。

第五,采用小天线和低功率放大器,不断缩小覆盖范围,不断重复使用相同的空间频率,必然导致无线通信退化成有线固网近距离接入手段。当穿行于无数个微基站时,用户感觉是无线,其实,背后主导的是固网。

最后结论为:边界自适应微基站网络是用工程上的复杂度(即大幅度增加基站数量),换取理论上的不可能(即在频段使用和频谱效率上不可逾越的瓶颈),实现传统技术不可比拟的无线网络环境。令人惊奇的是,根据本书理论的优化方法,在成熟技术基础上,边界自适应微基站网络在工程上既不复杂也不贵。

6.3.1 中心控制时分多址(CTDMA)技术

无线通信领域面临的最基本问题是许多用户如何共享公共的频谱资源。其中向多用户发送混合数据,称为“复用(multiplexing)”;占用公共资源发布个人数据,称为“多址(multiple access)”。迄今为止,无线复用和多址技术分为频分、时分和码分三大类。让我们回顾移动通信发展历史,并展望未来:

(1) 第一代模拟移动无线通信开创了蜂窝网络结构。它主要采用频分复用和频分多址(frequency division multiplexing, FDM/frequency division multiple access, FDMA),即不同用户使用不同无线频率,同时收发信号。蜂窝网络结构的核心优势是隔开一定距离,相同的频率段可以重复使用,因此,大大增强了系统带宽能力。为了防止信号干扰,频分技术的相邻频道必须保持足够的频率间隔,导致频谱浪费。

(2) 第二代(2G)数字无线通信聚焦语音和短信业务,它主要采用时分复用和时分多址(time division multiplexing, TDM/time division multiple access, TDMA),即小区内不同用户使用相同频率,不同时间收发信号。由于时隙分配不灵活,导致资源利用率不高。

(3) 第三代(3G)无线通信试图全面进入多媒体业务,它主要采用码分复用和码分多址(code division multiplexing, CDM/code division multiple access, CDMA),不同用户用相同频率,同时收发信号,但使用不同的编码。为了形象化解释码分技术，可以用鸡尾酒晚会模型，即许多人同时在一个大厅中交流，如果使用不同语言，别人的谈话可以当着背景噪音。从理论分析，码分技术的效率高于传统的频分和时分技术。

(4) 第三代以后(Beyond 3G，B3G，和 4G)试图在传统宏基站架构上进一步增加带宽。随着数字处理技术进步，人们发现只要严格控制信号相位，可以大幅度缩小传统频分技术的频道间隔。这项改进后的密集频分技术，即所谓的正交频分复用和正交频分多址(orthogonal frequency division multiplexing，OFDM/orthogonal frequency division multiple access，OFDMA)。由于用户数据被分解成多个子频道，有效降低了无线信号的码间干扰，同时具备很高的频谱效率。尤其与多天线技术(multiple-input and multiple-output，MIMO)结合，更加适合大带宽和复杂反射波的环境。

上述历史显示，无线通信从第一代发展到第四代，都沿用了所谓的蜂窝网络结构。也就是说，传统无线网络以基站和小区为中心独立管理，最多增加一些基站间的协调。具体表现在蜂窝内部，即一个无线基站的覆盖小区内，采用一种复用和多址技术。但是，在蜂窝之间，采用另外一层独立的技术，或者说，存在着明显的蜂窝边界。

对于高密度微基站的特殊网络环境，我们必须重新评估无线复用和多址的基本技术，即频分、时分和码分原理。分析得知，在频道和基站切换过程中，频分和码分技术必须事先知道新信道的接收机参数(如频率和编码)。只有时分技术能够在不预设任何参数的前提下，忽略基站边界，无缝地穿行于高密度的基站群。

边界自适应微基站网络实现以下结构创新：

(1)在传统时分基础上，增加了动态发射功率控制、多基站统一资源协调、和统计复用技术。

(2)突破传统无线蜂窝结构，对多基站实行统一的宏观时隙分配，同化所有基站和终端。

(3)根据用户终端分布密度和通信流量，动态调整小区分界。

实际上，这是一项在 OFDM 基础上改进的密集时分技术，或者称为中央控制时分复用和时分多址技术(centralized time division multiplexing，CTDM / centralized time division multiple access，CTDMA)。严格地说，边界自适应微基站网络不属于纯粹无线技术，而是用精确管理的有线固网解决无线基站同步和切换难题，将无线网络品质和容量，首次提升到接近有线水平。

有趣的是，纵观历史，我们看到无线复用技术呈螺旋上升：FDM > TDM > CDM > OFDM > CTDM。如果使用足够的芯片资源，可以推测未来可能出现

MCDM 技术,即多路合并的 CDM 技术。

由于边界自适应微基站网络采用全网同质通信方法,区隔不同用户终端和基站之间的传输通道只依赖每台设备发射功率和发送时间差异。就发射功率来说,增加信号强度有利于提高传输品质,但同时也增加了对其他设备的干扰。因此,网络中每台终端和基站的发射功率都必须随时调整到恰到好处的水平。要在数毫秒时间内,分析计算数千台无线收发设备的信号关联和干扰,找出可能互不干扰地同时通信的终端和基站,其运算工作量大大超过低成本微型设备的能力。大一统无线网络采用模板近似算法,极大地简化了基站运算工作量。首先通过人工设计经验模板,包含全网每个基站的初始工作参数,在实际运行中不断调整优化模板,逐步逼近最佳值。与传统移动通信相比,CTDMA 技术局部带宽增长潜力无限制。因此,只要有需要,不必担心带宽不足。

根据网络宏观状态,统一动态协调,CTDMA 技术主要包括四项调节机制:

(1) 多向闭环发射功率和天线波束控制;

(2) 时隙和发帧权的动态分配;

(3) 基站边界的动态调整;

(4) 跨越基站的高速无损切换。

由于本书篇幅有限,关于上述调节机制的详细描述,参见相关专利说明书。

CTDMA 技术另一个显著优势是采用同质通信收发机(homogeneous transceiver),每个无线网络设备,包括基站或终端,使用单一物理层技术,即相同频率、相同编码方式、和相同协议流程。只要满足一定的信噪比,就能建立可靠的通信连接,包括基站之间、基站与终端、以及终端之间。具体说,网络收发机的差别只是发射功率、天线波束、和发送时间,基本相同的模块配置不同的服务参数。微基站网络指定一个提供中心控制的主基站。主基站通过前述四项调节机制,动态增加或减少基站与无线终端的关联度,自动实现全网最佳信噪比分布。

6.3.2 兼职无线运营商

由于无线通信带来用户便利,大一统互联网将无线连接看作一种固网的增值业务,即在原来固网服务费用上叠加无线收费。根据这样的安排,大一统互联网不需要专门的无线运营商,甚至可以使用免费的 ISM(工业、科学和医疗)频段,大幅降低网络运营成本。通过大一统互联网连接大量廉价微基站,覆盖城市人流密集的公共区域和道路,以及居民密集的私人住宅。边界自适应微基站网络设计了一套独特的商业模式,任意用户都可以向固网运营商申请,在自己管辖区域内安装自动入网的无线基站,成为“兼职无线运营商”,并与固网分享无线接入部分的经营收入。大一统互联网同时对基站和终端实施严格的管理和计费，自动切断和记录任意不遵守约定的基站连接。任意用户在任意地点的无线连接费用，将被精确记录到该用户的服务账单，同时，提供该无线连接的基站将获得相应收益。

沿用大一统互联网即插即用的网络管理特征，从技术上简化了边界自适应微基站网络大规模推广的操作流程。实际上，如果依赖运营商部署和维护大规模无线基站，依然是一项旷日持久的工程。可见，"兼职无线运营商"低成本和高利益驱动的商业模式，必然成为边界自适应微基站网络的强大推动力，迅速将其覆盖到每一个有潜在用户的角落。

6.3.3　重大灾难时不间断无线通信服务

我们知道，无线通信具备天然的便利性，尤其是在遭遇重大灾难，更是关系生死的救命线。针对无线网络的容灾能力，前人开发出多种网络架构，如 Mesh 和 Ad Hoc 网络，还有多种卫星通信技术。但是，建设具备抗灾能力的商用无线通信网络，成本极高，尤其要求消费者的手持无线终端兼容抗灾通信，更加困难。普通消费者不可能为几十年不一定遭遇的事件买单。因此，迄今为止没有一种无线通信技术能够提供平灾兼容的解决方案，边界自适应微基站网络是破解这个难题的有效方法。

传统通信网络一般只要求系统具备单点故障处理和恢复能力，因为，多台设备同时发生故障的机会几乎为零。但是，遭遇重大灾难，如地震海啸，电力系统、地面固网、和大部分无线基站可能同时损毁。边界自适应微基站网络的每一个基站和终端都能够连续感知即时网络状态，一旦检测到网络连接异常，例如，有线或无线通信中断，立即向上级网络管理报告。另外，由于无线基站的分布深度交叉覆盖，基站间可能具备多条潜在的无线通路。一旦基站的光纤通信中断，残存的基站和用户终端自动切换到 Ad Hoc 模式，能够在降低调制带宽的前提下，自动扩展通信距离，维持基本无线服务畅通。

如果有多个设备感知到类似的异常情况，可能是某个网络设备故障，或者人为事故，或者发生重大灾难。由于网络管理中心保留事故发生前的网络拓扑结构和全部设备工作状态记录，只要将这些数据与事故发生后收集到的网络状态信息比较，就能清楚地界定事故范围。或者划分成多个不同受灾等级的局部区域。根据事先准备好的预案规则，选择不同等级的故障处理流程。实际上，随着事态发展，以及网络修复行动的进展，网络状态随时有变化。边界自适应微基站网络管理流程具备了动态应对故障的能力，或者说，应对重大灾难只是平时故障处理流程的一部分。如果灾难发生后，系统留下通信覆盖盲区，可以向盲区位置远程投放免安装的临时中继站。根据投放方式，如火炮发射或直升机空投，适当增加临时中继站的数量，只要少数中继站投放成功，就能快速恢复盲区的通信连接。

很明显，大一统互联网是商业网络，平时通过精确管理的地面固网连接和协调大量无线基站，同时向移动和固定终端提供高品质服务。一旦发生重大灾难，受灾的局部网络有选择地限制部分宽带服务，降格为救灾通信。面对无法预测的灾难地点和时间，充分利用民众手中握有的大量通信终端，自动启动中继站功能，这是平灾兼容的理想选择。

第7章

大结局

从石器时代，青铜时代，到铁器时代。从农业社会，工业社会，到信息社会。无一不是新的资源，带来新的环境，推动社会进步，而且，都会经历从动荡期迈向稳定发展期（终极目标）的过程。本书探讨信息社会，或者说，云时代的终极目标，以及通向这一目标的指导理论和行动路线图。

7.1　云时代信息化的制高点：信息中枢和大一统网络

根据本书第1.2节所描述的3大终极目标（锁定需求的海洋、夯实网络基础、无线有线同质化），我们看到云时代信息化的制高点：信息中枢和大一统网络。

在这两个制高点之间，是今天信息产业巨大的魔鬼市场，无数蚂蚁兵找不到方向地混乱厮杀，其中不乏强壮的骑士们，但是，尘土弥漫中他们看不清战略制高点在哪里。

根据本书“资源丰盛时代”的信息理论，只需少数几个高度精简极大规模的信息中枢，指挥大一统网络所提供的有序化资源（带宽按需随点、存储按需租用、运算力按需定制），就能调制出人类想象力所能及的一切服务。原来混乱的战场将变成青青草原。

根据本书第1.2节所描述的2种思维模式（市场导向、目标导向），我们发现人类终极网络只是简单的视频通信。其实，伴随人类文明，关于目标的遐想延续了千年以上。

让我们借助好莱坞的丰富想象力：《黑客帝国》（*The Matrix*）和《阿凡达》（*Avatar*）影片中人物或生活在封闭的地下室，或驰骋在外星球，身上连一根电缆，感受外界任意的实时动态场景。我们可以推断那根电缆中讯号一定是连续和互动的，而且，其中绝大部分是视频。我们还可以推断那时的网络一定是同步流媒体，因为，不管多快的下载方式都无法与人类感觉器官直接沟通交流。那时的网络传输品质一定要保证，沟通过程中的停顿现象将导致人们不吞“红药丸”也会很快发现事实真相。那时的网络一定要安全，等到发现病毒漏洞再来杀毒或升级防火墙已经太晚。很明显，影片所描述的网络就是视频通信，只不过终端不同而已，我们现在还没有发明那个连在身上的插头。

但是，今天的现实情况是：市场说要多媒体，市场说要单向播放，市场说要内容下载。因此，我们就做了多媒体、单向播放和内容下载。但是，市场不会说只要一个视频通信就可以替代所有其他单向和非实时技术，市场也不会说实现视频通信的方法极其简单和低成本。结果是灾难性的，跟着市场，我们浪费了20年时间和巨大资源，尝到网络泡沫破灭的苦果。

我们可以看到，当前网络有许多种服务，但是，唯独缺少终极目标中绝对主导的视频通信。四大网络(电信、有线电视、互联网、移动通信)过去许多年没有明确目标指引，凭着市场的模糊感觉，从不同角度向视频通信走了一小步，或者说，实现了多处局部改善。其实，正是由于这些不断出现的小进步，好像高品质视频通信即将实现，给人们造成一种海市蜃楼般的幻觉，导致在错误的道路上欲罢不能。实际上，四大网络过去的20年，以及许多正在进行和规划中的工作，多是事倍功半的努力，甚至收效甚微，资源浪费，也严重阻碍了网络经济健康发展。无情的现实是，四大网络都不能广泛地提供高品质实时视频通信服务，而且，将来也不能。

本书指出，信息中枢和大一统网络就是兵家必争而尚未发掘的战略高地。今天，云时代信息产业王国向人类开放的天、地、人条件已经齐备，等待着勇敢者前来耕种和收获。尽管传统大佬们都渴望把这块地盘纳入自己的势力范围，但幸运的是这里还没有一个事实上的“老大哥”。因此，如何把握这个巨大商机，将考验弄潮儿的智慧和勇气。

7.1.1 资源驱动的云时代

技术进步了，环境进步了。充分富裕的“资源”，知性到感性大转折引发巨大“需求”，云时代信息技术创新“工具”，三者互动引向信息时代的终极目标。处于时代变更期间，大部分人习惯性地认同旧时代的行事方式，因此，重大技术创新具备了引领新时代的机会。

我们知道，信息产业的基础资源(芯片、存储、带宽)代表了日新月异的科技成果，是一个不断增长的“激变量”；人类接受外界信息的能力决定于百万年漫长进化的人体生理结构，是一个基本恒定的“缓变量”。今天我们看到的各种高科技应用，无非是多了一个电子化和远程连接，其实早就出现在古代的童话和神鬼故事中，今天的科幻电影无非是把老故事讲得更加生动和逼真，这些丰富的想象力代表了人类信息需求和文明的极限。

显然，“信息资源”和“信息需求”是两个独立的物理量，不会后退（单调性），也不可能同步进化，因此，两者轨迹必然存在单一的交叉点。

在交叉点之前，信息资源低于需求极限，信息产业发展遵循窄带理论，每次资源的增加都能带来应用需求同步增长。因此，人们习惯于渐进式思维模式，或称为“资源贫乏时代”。

一旦越过交叉点，独立的信息资源增长超过需求极限，很快出现永久性过剩，信息资源像空气一样丰富。此时，必然导致思维模式的转变，出现颠覆性的理论和技术。*Microcosm* 和 *Telecosm* 分别代表了芯片和带宽资源需求轨迹的交叉点。Gilder 告诉我们，消除了信息资源限制以后，信息化从知性到感性的大转折成为必然。从此，人类信息化将进入一个完全不同的新世界，或称为“资源丰盛时代”。

在资源贫乏时代，为了节约资源，不同需求按品质划分，占用不同程度的资源。因此，资源决定了需求，我们必然看到无数种不同的需求。

在资源丰盛时代，当我们把品质推向极致，原来无数种不同的品质反而简化成单一需求，这就是满足人体的感官极限。也就是说，人体感官的极限决定需求。当然，原先资源贫乏世界的全部服务需求都会长期存在，但是，在数据量上将沦为微不足道的附庸。在不长的时期内洗去所有传统的痕迹，是的，100％的传统业务。就像您今天站在“马路”上，却看不到马的踪影，尽管马曾经为人类干过许多事，马的功能已经被新工具彻底取代。

7.1.2 信息中枢和大一统网络两极分化

如果换一种思路观察世界，我们可以看到信息时代的终极目标，如图 7-1 所示。

其实，只要换一种思维模式，解决当前计算机和互联网所有难题的办法不可思议地简单。

在人类科学技术史上，思维模式决定最终的结果，多次发生。所谓换一种思路，实际上就是理论创新。显然，不要将自己的思想框在旧世界中，站在新世界观察问题，有利于规划未来。本书第 3 至 6 章所描述的 4 类重大理论和技术创新，是在终极目标指引下的精心设计，奠定了云时代新的理论、技术和游戏规则。任何网络服务都可映射到两个极端，只要掌握高度精简的信息中枢和高品质视频通信网络，这两个制高点，就抓住了云时代命脉。

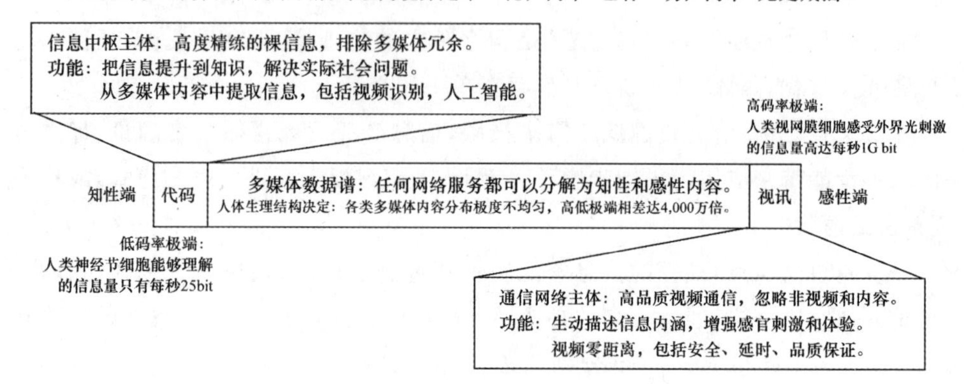

图 7-1　人类信息化需求向信息中枢和视频通信网络两极分化

1. 第一个极端：低码率代码组成的信息中枢

为什么要解构传统数据库？

实际上，就是从数据库中剥离多媒体内容。多媒体内容是最大的不确定因素，潜在的数据量造成难以预测的压力，必然限制和拖累数据库的发展。另外，同样的多媒体内容，可能解读出不同的信息。因此，只有通过特殊算法，将多媒体内容提炼成精简信息后，才能参与信息深度挖掘。只有提升信息价值，才能高效解决大多数人的共同问题，即社会有序化问题。由此可见，精简信息是确保大规模信息中枢限制在可控范围，并且方便使用的必要手段。

2. 第二个极端：以视频通信为基础的大一统互联网平台

为什么大一统互联网必须以视频通信为基础？

视频通信的重要性不在于其初期的市场大小，关键是，大流量包容小流量，实时流畅包容非实时下载，双向（多向）传输包容单向，高品质包容低品质，但是反过来，上述包容性全部不成立。显而易见，能够提供大流量、实时流畅、多向传输、高品质视频通信服务的网络，已经彻底覆盖了其他一切网络业务。

另外，思维模式从“窄带”到“宽带”，网络结构从复杂的“智能化”到简单的“透明”，传输机制从“下载播放”到“实时流畅”，网络内容从“知性”到“感性”，所有这些进化都不可逆。通信网络发展到“透明”，已经达到“感觉不到网络存在”的最高境界。显而易见，当基础资源充分丰富时，不论什么内容（人际通信的生内容、影视存储播放的熟内容、和模拟人机互动的活内容），对于网络的要求是一样的。或者说，通信网络平台没有变，需求趋于饱和，结构趋于固化，这就是终极网络的概念。我们的结论是，只有先稳固网络基础，达到透明的极限状态，新一代的云端计算技术才能脚踏实地发展不断变化的内容产业，成为演绎人类想象力的舞台。

7.2　解读狭义网络经济和广义网络经济

为了量化网络经济，我们先定义如下：

网络经济的总量(面积) = 网络对于个体的作用深度×网络对于群体的作用广度。

网络经济可以从两方面来分析：

(1) 狭义网络经济：网络企业本身的总体经济；

(2) 广义网络经济：网络工具对社会经济的总体辐射效应。

1. 根据定义1：狭义网络经济总量(面积)＝用户现金流(深度)×用户总数(广度)

搜索引擎是一项互联网应用，其价值在于“广度”。此类互联网应用一旦成功推出，可以立即扩散到千万级用户。但是，每个用户的贡献很有限，或者说，免费服务的作用深度几乎为零。另外，互联网根深蒂固的心态是花投资人的钱，买网民的注意力(眼球)，随着此类互联网应用向“深度”发展，竞争激烈、技术难度必然加大，收益增幅随之递减，导致后继发展越来越困难。因此，无论各类免费服务如何受欢迎，难以形成狭义网络经济的“面积”。

根据本书其他章节的论述，IP互联网无论怎样发展都不能实现大一统网络所设定的目标。

大一统网络是结构本身的创新，其价值在于“深度”。大一统网络推广策略非常清晰：首先把网络电视定位在观赏级水平，才能通过个性化电视替代传统有线电视，谋取有线电视的客户和现金流。一旦在局部范围内，用户每月的现金流贡献能够很快支付该用户的局部网络建设投资。这种确定的盈利模式可以简单地大规模复制，狭义网络经济总量“面积”稳步增加。随着网络结构向“广度”平移，建网成本降低，根据Metcalfe定律[3]，用户价值递增，导致后继发展越来越强劲。

当然，在大一统互联网平台上，搜索引擎、电子商务、社交网站以及时尚终端，都将获得更加广阔的发展空间。根据计算公式，大一统网络能够有力地推动狭义网络经济总量。

2. 根据定义2：广义网络经济总量(面积)＝用户群体(深度)×行业辐射面(广度)

互联网开创了人类进入信息社会的新时代，没有人否认这是一项伟大的进步。但是，从资源、需求和工具的角度分析互联网经济，当前的网络经济是失败的。

上述结论的依据主要有以下几点：

(1) 爆炸性扩展的光纤带宽资源没有找到相匹配的需求。实际上，当前互联网业务主要属于窄带应用范畴。另一方面，资本市场对光纤带宽资源的投入陷入基本停顿状态。

(2) 在PC时代，代表资源的Intel和代表需求的Microsoft占据了行业的大部分利益，但在网络时代，能够生产最大带宽的厂商和拥有最多带宽的运营商都曾遭遇灭顶之灾。

(3) 具备宽带能力的电信固网遭遇到只有窄带能力的无线网络的封杀。

(4) 电信公司大部分广域带宽资源烂在地里，但同时开出难以接受的高价阻拦用户消费。

(5) 互联网运营商的头等舱(优先品质＋大带宽的视频应用)价格远低于经济舱(低品质＋小带宽的信息服务)。

那么，如何解释上述反常现象？如何评价网络经济？

本书认为，所有的误解都来自于对网络经济定义的偏差。

实际上，今天所谓的网络经济，严格说应该是广义网络经济，由3部分组成：

(1) PC经济的延伸：由电脑信息交流构成的窄带网络。

(2) 新媒体经济：创新的定向广告业务和电子商务都属于窄带网络。

(3) 狭义网络经济：由光纤带宽资源推动的宽带网络，包括视音通信和影视内容消费。

不难发现，今天一切有经济价值的网络业务都属于窄带范畴，其中包括搜索引擎、电子邮件、门户网站和定向广告等。今天所有的宽带网络业务都是在窄带业务的补贴下持续亏损，其中包括IPTV、YouTube和其他网络视频。

我们还可以推断，所谓成功的网络业务其实属于PC经济和新媒体经济。如果关闭那些没有经济价值的视频宽带业务，剩下的窄带信息业务根本不需要今天的光纤带宽资源，这样的网络只要在30年前的电信网络上增加一个高品质Modem就可实现。

综上所述，我们可以得出结论，今天的广义网络经济可以分成两大部分，其中包括成功的PC经济和新媒体经济，以及失败的狭义网络经济。

面对宽带网络业务新需求，IP 互联网技术的致命缺陷主要表现如下：

(1) 网络传输品质不能满足观赏过程的体验；

(2) 网络下载方式不能满足同步交流的体验；

(3) 网络安全和管理不能满足视讯内容消费产业的商业环境和计费模式；

(4) 更有甚者，在可预见的将来，上述问题在 IP 网络中解决无望。

IP 互联网技术曾经在 PC 经济和新媒体经济中发挥了重大作用，以至于今天的通信和网络界盲目地追随 IP 技术，企图将它延伸到未来网络。但是，他们看不到未来网络的目标早已变了，IP 技术充其量只适用于不足未来网络总流量 1%的窄带信息服务。因此，代表 PC 经济的 IP 互联网技术不可能推动狭义网络经济。令人震惊的是，自从 2002 年互联网和电信泡沫破灭以来，我们的狭义网络经济从来就没有成功过。10 多年的教训足以证明，如果没有一种类似大一统网络的创新理论和技术出现，狭义网络经济今后也永远不会成功。

我们可以想象，如果没有现代交通工具，人类还处在马车时代。当然，对于人力来说，马车是一个划时代的进步，但是，现代交通工具带来更大的繁荣。

同样道理，在 PC 经济发展过程中，如果操作系统停留在 DOS 时代，已经是一个划时代的进步，但是，Windows 带来更大、更广、更持续的繁荣。

再次推广到网络经济发展过程中，如果停留在 IP 互联网时代，也已经是一个划时代的进步。但是，仔细分析大一统互联网的市场影响力，不难看出，大一统互联网能够降低使用门槛，扩大用户群体，形成网络经济的"深度"。同时，大一统互联网能够加强安全管理和人性化，扩大行业辐射面，形成网络经济的"广度"。由于深度和广度同步扩展，大一统互联网形成一个明显的"面积"，这将有力推动广义网络经济总量。

我们得出结论，为了我们网络经济更大、更广、更持续的繁荣，只有赶快建设大一统互联网，别无他途。

7.3　探讨大一统互联网的商业模式

商业模式不用凭空想象，日常生活中随处可见，典型例子如下：

(1) 跳蚤市场(flea market)：识货的人在地摊里寻宝，碰运气，自有乐趣。

(2) 自助餐：一次付费，吃饱为止。

(3) 百货商场：有可控制的进货渠道，明码标价，大小买卖都可开发票。

(4) 航空公司：只要上了飞机，不论那一等级的票价，同时到达目的地。

本书认为，以上每种商业模式都是合理的，都有存在的价值。但是，从商品交易总量上看，百货商场模式占据主要市场。

当前IP互联网由无数个来源提供免费、尽力而为、品质和安全不保证的信息查询。信息的价值体现在最终的理解，一条商业机密对某个人可能价值连城，对其他人可能分文不值。而且，信息与其表现形式关系不大，因此，不具备商品价格元素，互联网免费服务缺乏价值认同。

视频娱乐讲究观赏“过程”舒服，尤其必须考虑观赏者付出的时间代价。引述苹果乔布斯的两句话，认清互联网免费和盗版的本质：“盗版下载视音产品，你赚得比最低时薪还要低”，“用iTunes下载歌曲，不再偷盗。你种下的是善因”。

由此可见，娱乐导向的视频通信网络与信息导向的电脑文件网络，遵循不同的商业模式，并且反应在不同的收费结构上。本书提出判断和评估网络可经营性的几条准则。

1. 明确定义职责和权利

交易参与者各方都有明确的盈利模式，以及通过网络结构及技术手段（不能依赖用户的道德水平）确保各参与方共同遵守的商业规则：

(1) 运营商的收入应与所提供的价值挂钩（而不是简单的点击率和流量）；

(2) 内容供货商的版权必须得到保障；

(3) 零售商必须提供信用保证；

(4) 消费者有义务为获取的商品支付合理费用。

2. 明确定义交易标的物

可经营的网络必须建立在品质保证的基础上，即在任何时候，只有商品的使用效果一致，才能合理定价。自由定价，按次计费。大一统互联网计费模式的最大特点是从按户计费，细化成按次计费（per call based），每次服务通过统一流程订立一份独立合同。

3. 明确定义交易环境

商业场所总会招来小偷、强盗的光顾，网络上的非法活动比现实生活中更加隐蔽、更加易于复制。因此，面对损害他方利益的投机行为，可经营的网络必须具备主动有效杜绝盗版、黑客和病毒攻击的措施（不是消极防范），确保平和的商业氛围。

在可管理的网络上，可以开辟出一块“自由区”，或者说，“无管理”本身就是一种管理模式。但是，在不可管理的网络上，如IP互联网，一旦有人能够践踏规则而不受限制，那么，必然会出现大量的效仿者，管理就形同虚设。要让一个市场有序发展，必须遵循最起码的人所共知的市场规律。在现实社会中，市场有司法和强制性可执行的机制保障。也就是说，网络离不开管理，其重要性不亚于道路上的交通规则。

4. 明确定义管理机制

可经营的网络还必须具备可控制和管理的机制：

（1）可监督服务的性质和内容，防止违反地方法规的不当媒体内容的传播，即保证进货渠道合法化；

（2）可审计每次服务的收费凭证，确保规范、公平、竞争、合理的市场价格；

（3）可采集、统计、分析、公布客户消费习惯的信息，通过反馈环路，具备不断促进改善服务品质的机制。

5. 理顺 3 组关系

商业模式是网络可持续发展必备的保证。所谓商业模式，实际上就是要理顺以下 3 组关系：

（1）价值—计费：消费者使用某项服务，愿意付多少钱，取决于该服务在消费者心中的价值，而与消耗多少资源无关。

（2）消费—买单：确保了可执行的收费体系，只要服务定价公平，消费者就会像在商场购物一样自觉买单。

（3）投资—收益：在政府监管下，投资建网者制定网络使用规则，确保收益回报。

6. 关于定向广告

在商品丰富的社会中，广告是一块大生意。互联网的定向广告（窄告）模式大大提升了广告效率，降低进入门槛，直接冲击了传统无目标的广告模式。传统媒体（如：报纸和电视）依据内容区分客户，锁定广告收益。互联网搜索引擎能够跨越网站的边界，免费借用别人制作的内容，为自己招揽广告生意。事实上，先进的搜索技术能够从竞争对手那里赢得较大的广告份额，但是，随着 Facebook 和 Twitter 之类公司进来争抢同一块广告市场。互联网与传统媒体分享的广告总量增长趋于饱和。因此，过分依赖广告的生存策略，具有潜在的危险。

随着个性化电视的普及，消费者逐渐有了观看节目的主动权。这将对传统广告产业带来新的挑战，消费品厂商必然会寻求多种方式使用广告经费。其中，定向广告、电视导购、商品介绍以及更加贴近消费者的操作和维护指南等纷纷涌现，电视广告将向多样化发展。对于大一统互联网而言，具备更加合理的广告引导模式，无疑是一项实在的收入来源。

互联网承载了人类许多美好的愿望，但是今天的 IP 互联网还是一块贫瘠的土地。从投资回报角度看，除了少数几家网站，大量的资源投入没有产出，或者说，负债经营。花费股票市场的资金“向所有人提供免费服务”终究是个乌托邦式的梦想。大部分企业只是推出新奇的业务吸引眼球，从传统市场中夺取广告份额，缺乏值得消费者掏钱的创新服务。

大一统互联网是对网络环境的长效投资，立足于把互联网改造成肥沃的良田，能够培育出丰硕的果实。信息搜索和传递只能代表大一统网络服务的一小部分，广告和电子商务只是大一统网络的副业。体现网络主营业务价值的新一代可收费服务，必然以“感性内容”为核心，或者说，围绕消费者的体验中心。

大一统互联网从协议结构上确保“依内容，定价钱。谁消费，谁买单。谁投资，谁收益。”的游戏规则。将上述可经营性贯穿于整个网络的定义和规划过程，将现实生活中长期以来行之有效的商业模式移植到网络环境中，确保网络业务的可持续发展。

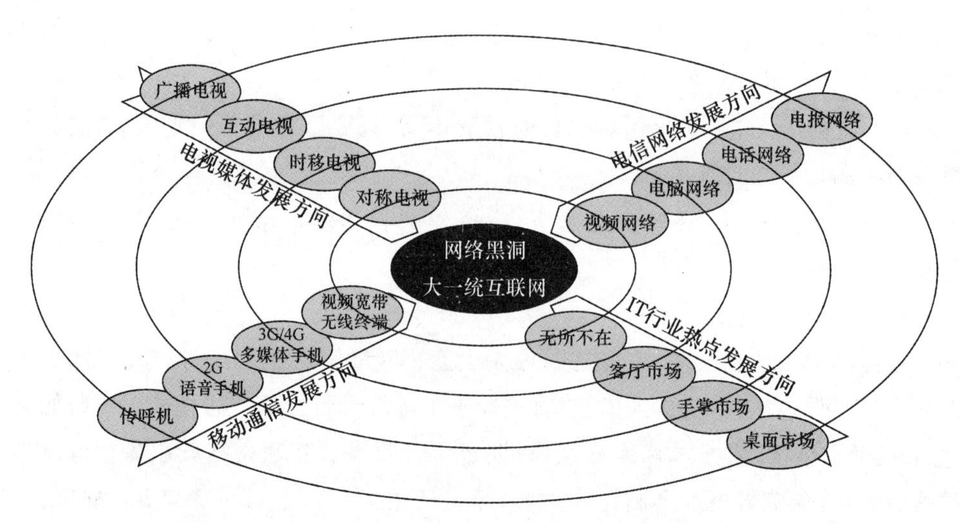

图 7-2 云时代信息产业发展方向是大融合

7.4 信息化带领世界经济走出困境

如图 7-2 所示，我们看到，数字电子高科技原本有多条独立的发展路线：

1. 在电视媒体领域

继广播电视（CATV 和 DTV）、互动电视（IPTV）和时移电视（网络 TiVo）之后，将进入电视媒体的最高境界：对称电视。

2. 在电信网络领域

继电报网络、电话网络、和电脑网络之后，将进入第四里程碑，即通信网络的最高境界：视频网络。

3. 在移动通信领域

继传呼机、语音手机(2G)和多媒体手机(3G 和 4G)之后，将进入移动通信的最高境界：高速移动条件下的高品质视频通信。

4. 在 IT 应用领域

继桌面市场(PC＋互联网)、手掌市场(手机＋无线 PDA)之后，将进入客厅体验市场(大电视、沙发和遥控器)，竞争的战火即将蔓延到普通老百姓私人财产价值的第一领地：客厅。实际上，进入无所不在的最高境界。

站在传统行业以及当前技术角度，总能得出狭隘的结论，这就是独立的网络如：下一代互联网、下一代通信网络、下一代电视网络和下一代移动通信(3G、4G、WiMAX)，或者独立的应用如：网站、邮箱、IP 电话和 IPTV 等。这些观点及其计划的原则性错误就是孤立地看待产业融合，试图被动地守住原有领地。

其实，上述产业发展和竞争向着同一个焦点，如图 7-2 所示，这是在另一个层面上，网络架构的单一化，这一趋同现象称为网络黑洞效应，同样将伴随网络应用大发展。实际上，未来网络发展的最高境界是单一化，是简单，而不是复杂，或者根据热力学原理，是低熵。

传统思维模式总是希望在现有基础上追求更好，这些不断改进的任务好像永无止境，大一统理论与众不同之处在于直接谋求终极目标。由于人类通信需求极限不会改变，不可能再长出一个消耗带宽比眼睛更大的器官。也就是说，未来信息产业建设就像筑路造桥，技术有进步，但是，基本架构长期稳定。

产业融合带来的后果就是通信网络只剩下一种服务，即单一化产业的单一化服务。简单说，就是视频通信(占据 99%流量)，严格说，就是能够承载视频通信的透明带宽按需随点(占据 100%流量)。也就是说，只要能够承载高品质视频通信，意味着，覆盖了所有的多媒体、单向传输和内容下载，即永久满足人类的全部通信需求。

人类对于衣食住行需求受到自然资源的限制，所谓豪华与小康的差别至多几倍而已。但是对视频带宽的需求再增加一千倍也不嫌多(非视频的其他信息带宽不值得提及)，而且这种需求不受自然资源限制。在提升人类生活品质方面，视频带宽的发展空间几乎无限，未来视讯网络上人类的视频交流将跨越空间限制(网络交换能力)、时间限制(网络存储能力)和表现形式限制(网络运算能力)。实际上，就是依托了地球上取之不尽用之不竭的信息资源：带宽、存储和芯片。

站在大一统的通信王国往回看，看不到传统网络分类的痕迹，通向终极目标只有一条独木桥。未来网络上丰富多彩的业务仅仅发生在内容层面，与网络本身无关。网络应用，或者说，用户内容将进入一个有序和充分竞争的环境，在信息中枢和大一统互联网平台上，任何个人创意都可向全网展示。

PC时代过去了，电信泡沫破灭了。今天互联网除了几项窄带应用之外，乏善可陈。根据本书所描述的4类重大理论和技术创新，建设超大规模信息中枢和大一统互联网（包括无线通信）的办法不可思议地简单。任何创新都会遭遇传统的阻力，但是，云时代的信息技术变革发生在云计算中心。也就是说，通过“云”的屏蔽，消费者根本不知道云端用了什么技术，如同普通市民不必关心发电厂使用什么能源。这就生动地说明，云计算开启了一个新时代。燃料火箭能够飞离地球，但是，在新的起点上，开始新一轮信息技术发展，就像星系外旅行需要完全不同的发动机。

当前，信息产业普遍处于产能过剩的低谷状态，与全球经济低迷存在某种内在联系。实际上，唯有信息产业，本质上绿色，对于改善人类生活品质效果显著。历史作证，信息产业的重大进步能够迅速辐射到其他产业，缩小地区差异，促进全球一体化。因此，网络经济井喷将带领世界经济走出困境。

附 录

附 1　云计算是一场前所未有的变革

采访者、作者：《侨报》西雅图主编王晓达

“云计算代表着计算理论经历了‘中央-分散-中央’的否定之否定的历史回归，其核心是全球信息资源的重新分布。”

——沈寓实

（本文原载于《侨报》2011 年 10 月刊）2011 年 10 月，全球无线移动与云计算大会在位于美国华盛顿州雷德蒙德市的微软公司总部举行。来自中美相关企业的负责人和技术精英 800 人与会，共同探讨两国企业在无线移动与云计算领域的合作前景。此次会议由大西雅图地区市政府和微软公司主办，微软华人协会和北美中国理事会承办。主题演讲者包括来自微软、亚马逊、华为、盛大等 30 多家公司的资深高管和专家学者，以及美国华盛顿州政府和市政府的主管官员。会后，包括新华社、中国日报，北美侨报等均对大会主要发起人和组织者沈寓实博士进行了专访，解读云计算，畅谈未来。

美中高科技界探讨迎接“云端时代”大计

几年前，当谈论起“云计算”的时候，好像离我们还很遥远。但这片“云”来得快而且猛烈，丝毫不给人喘息机会，云时代毋庸置疑已经来临。2011 年 10 月 8 日，“全球无线移动与云计算技术大会”在微软总部会议中心隆重召开，包括美中高科技企业代表在内的科技界及社会各界人士近 800 人出席了大会，精彩纷呈的主题演讲和分组讨论向人们传达一个明确的信息，那就是“未来在云端”。

大会在组织者之一、微软的沈寓实博士主持下召开。贝尔维尤市长李瑞麟

(Conrad Lee)首先在主题演讲中指出,包括贝尔维尤在内的大西雅图地区,一直是美国高科技企业重镇,拥有微软、波音、亚马逊、谷歌等众多能够改变世界科技发展的龙头企业。贝尔维尤市政府也一直在积极主动地为美中科技企业的交流搭建平台。此次大会能够邀请到来自中国的云计算和移动互联网核心企业代表,为两地科技交流和商业合作提供了更广阔的空间。

华州贸易委员会主管马克·康洪(Mark Calhoon)代表州长亲临致辞说:"华州政府一直致力于帮助科技企业促进国际贸易等商业活动,科技创新产业在华州的经济中扮演举足轻重的地位,在从经济衰退中复苏的过程中,科技发展和贸易是原动力之一。华州政府对小企业的鼓励也从未停止,我们会在资金上帮助这些企业推广自己,参与类似这样的大会来推广公司的产品与服务,对中国的业务也是我们的激励项目之一。"

来自微软在线部门的首席架构师黄学东、微软 SQL Azure 服务器与数据库高级项目经理奇汗(Cihan Biyikoglu)、微软手机部门总设计师岑耀甦(Albert Shum)分别从云计算和移动互联网角度,向与会者传递了最新科技理念、市场前瞻和架构解决方案介绍,以及微软在互联网在线服务领域所取得的进展。岑耀甦还专门提到,对于未来的科技发展,中国都是不容忽视的市场,在手机终端的研发和服务内容上会针对中国消费者的特点进行相应的调整。

在分组讨论环节,来自中国的盛大(Shanda)云计算业务总裁何刚、盛大果壳电子 CEO 郭朝晖、中兴(ZTE)无限部门首席技术官(CTO)沈冬临、华为(Huawei)高级工程技术经理等代表与美国本地企业,包括微软、波音、亚马逊、ATT、T－Mobile、HTC、H5 Software、Dice 等科技管理人士展开了广泛讨论,并回答了与会者针对云计算变革、移动互联网应用、不同平台软件开发、云计算安全、网络内容服务等方面的问题。当天,从早上 8 点半至下午 5 点的大会现场一直人头攒动,诸多分会场常常座无虚席。一位华裔科技从业人士说,第一次在西雅图举办这样引起轰动的技术大会,让人感叹云计算与移动互联网的巨大吸引力和科技变革大潮。他说:"根据中国的风水,水代表财富。但愿这片'云'带来更多的雨水,也为中美两国在科技变革时期的相互竞争、相互合作开拓更广阔的天空。"

沈寓实博士回顾云计算大会

"全球无线移动和云计算技术大会"于 2011 年 10 月 8 日,在西雅图成功举行,大会的组织者和发起人、云计算和移动互联网专家沈寓实博士在会后接受了本报记者的专访,他首先谈及了技术大会成功举办的意义,云计算是每一个科技和商业公司面临的社会变革,在这场变革中,谁都不可能独赢,增加企业间的交流与合作,尤其是中美两国企业间的理解是十分重要的事情。

随后，沈寓实畅谈他自己对云计算的观点，他指出信息领域正面临有史以来最大的革命性发展，一个是云计算，另一个是新一代网络，两者相辅相成，会将人类社会带入一个崭新时代。

所谓云计算，就是把原来分布在终端的各类资源集中，按需使用，无限扩展，随时获取。云计算代表着计算理论经历了"中央一分散一中央"的否定之否定的历史回归，其核心是全球信息资源的重新分布。所谓信息资源，最主要的是计算、存储、通讯、控制四大方面。信息资源的集中供给将产生全局性的颠覆、整合和创新。同时，大量资源从端转向云，必然带来终端简单化，对网络的要求却将大大提高。

所谓新一代网络，基础是三网融合。传统三网指电话网、广播电视网和计算机互联网，本来独立发展，现在正走向融合，互联互通，无缝覆盖，资源共享。三网融合表面看是综合了数据、语音、视频的多功能网络，实质上却是一个视频网络，因为无论在传输流量、信息处理量还是品质要求等各方面，视频业务都居于主导地位。目前的网络，有线方面，由于光纤普及已是带宽过剩，问题是带宽管理缺失；无线方面，主要矛盾是带宽本身的稀缺。

云计算和新一代网络这一信息领域的大变革，很像历史上从个人发电机到集中供电发电厂的变革，将伴随着技术和商务的重大突破。一旦变革完成，我们收获的不仅是资源的廉价稳定供给和按需获取，广阔全新的应用必然应运而生，人类的工作、生活乃至思考方式都会因之改变。这是时代赋予的重大历史机遇。赢得这一机遇的关键，是在对现有产业全局融会贯通的基础之上，摒弃现有的 IT 心态和技术，以划时代的理论指导划时代的实践。

沈寓实还介绍，北京市政府、上海市政府、重庆市政府、深圳市政府、大连市政府、杭州市政府、西安市政府、无锡市政府等都曾对大会表示极大的关注、赞赏和祝贺。湖北省副省长郭生练上周访问西雅图和微软时，直接表示武汉和湖北要关注，参与，和支持此类活动。北京市经信委副主任姜桂得知大会举行时说："北京市对云计算高度重视，这是促进战略型新兴产业的重大契机，将大力支持中国企业和微软等国外高科技企业的交流合作。"

华州州长候选人罗布·麦肯纳(Rob McKenna)在得知大会成功举行之后，在接受访问中指出："云计算和移动互联网结合，将以光速传播资讯和数据，更能增加全世界人民之间的沟通。华州拥有数千名来自微软和其他高科技公司的人才，面对这场技术变革我感到我们是十分幸运的。"

附2 云变革背后是残酷的全球行业洗牌

采访者：《重庆时报》记者邓凤仪

“云计算带来是技术变革，更是商务变革，还是政务变革。”

——沈寓实

（本文原载于《重庆时报》2012年3月刊，略有修改）2012年3月，首届重庆“云博会”在重庆南坪成功举行。和微软战略不谋而合，重庆亦提出“云端计划”。重庆市长黄奇帆在接见与会嘉宾时指出：重庆将大力推进云计算产业发展，着力从“本土智能重庆、国内在岸数据处理、国际离岸数据处理”三大板块推动，争取5年后重庆云计算产业发展进入中国一流行列。美国西雅图市市长麦克·麦凯金和来自微软总部的微软华人协会主席沈寓实是在此期间访问重庆的特邀嘉宾，在重庆市外事侨务办和经信委的安排下，《重庆时报》专访了麦凯金市长和沈寓实博士，这也是西雅图市长和微软总部代表首次在渝公开接受采访，沈寓实在访谈中特别谈到了云时代的全球趋势和微软的云端战略。

全球云时代

【背景】社交网络、智能手机、互动电视、决策引擎，每一个新科技的出现都意味着一次巨大的商机和一批新崛起的公司。而这些新事物的背后都有一个核心科技，那就是近年来科技界最热门的词汇——云计算。所谓云计算，就是通过网络将信息资源统一管理和调度，在信息中枢对数据集中存储和处理，信息资源从此实行按需分配。

采访者：“云计算”这个词最近在中国很热，有人认为这个词被过度炒作了。您是全球云计算专家，在您看来云计算究竟是什么？

沈寓实：我把云计算的本质归纳为四个字：“回归中央”。就像电的发明和普及，最开始作为新生事物，电的价值不被公众所理解，于是电的使用在历史上有过一个分散时期，即小型发电机时代。

当行行业业、社会个人都离不开电的时候，集中供电的发电厂应运而生。

信息产业作为基础性产业也是如此，个人电脑、手机、电视等使得信息技术广泛普及，微软也正是在这一阶段成为IT巨头。现在的云计算，则是全球信息资源从终端分散向中央供给演变的过程。

采访者：那这样的一个云时代对我们的未来生活究竟意味着什么？

沈寓实：云计算带来是技术变革，更是商务变革，还是政务变革。信息资源廉价、稳定、安全的按需供给，大数据的深度挖掘和智能分析，依赖中枢的个性化终端，将深入改变现在的商务和生活方式。

云计算还将带来新的产业，所有你想得到的想不到的，将来都有可能实现。比如"黑客帝国"描绘的，在你颈子后面插一根针，你就能进入一个虚幻世界，被踢了真的会痛，节食的话真的会饿，这种虚实结合的游戏将不会只出现在电影里。

IT 业风云四起

【背景】2011 年 2 月，微软宣布同诺基亚合作，共同应对智能手机市场的挑战。2011 年 5 月，微软宣布出价 85 亿美元收购语音视频通讯公司 Skype，2011 年 8 月，谷歌以 125 亿美元收购摩托罗拉。IT 业刀光剑影风云不断，Facebook 的横空出世也让众多高科技公司开始思索，如何让公司永远保持创新的动力？谁又将在科技领域引领未来的发展？

采访者：这样一个云时代的到来对 IT 业意味着什么呢？

沈寓实：任何变革都既是挑战也是机遇，背后都是利益的重新分配。云计算的发展作为全球 IT 变革，也必然伴随着残酷的全球大洗牌。以前做电话的、做电脑的、做互联网的、做电视的、做卫星的、做软件的、做硬件的，不同 IT 领域的巨头，在云计算的大融合大转型之下，现在从不同角度切入到了同一个战场，共同面临着新一轮的优胜劣汰。

采访者：这样的大洗牌什么时候开始呢？

沈寓实：事实上这样的大转型大洗牌已经开始了。传统的计算机和互联网公司都已经全面转型，微软、苹果、谷歌、IBM、亚马逊、思科、甲骨文等等，都是如此。近期的事实和市场调查显示，传统的手机行业已经面临出局了。我认为传统的电视行业即将面临着重大危机。这是"发电机消失、发电厂建立"的时代，世界潮流，浩浩荡荡，不变革就会被洗掉，这是很残酷的。

采访者：那么微软的情况呢？开始转型了吗？准备如何转型？

沈寓实：我们不仅是转型，我们是全局性的大转型。传统上我们是软件公司，几年前我们提"软件加服务"(Software + Services)，现在我们说"设备加云服务"(Devices + Online Services)。微软 CEO 鲍尔默还曾公开宣布微软将"尽在云中"(All in Cloud)，中国微软总裁梁念坚、张亚勤等也多次强调微软战略即"云端战略"。这些都是颠覆性的企业重新定位。

一个云应用成就一个谷歌，一个云终端成就一个苹果

【背景】两年前，微软还是全球高科技公司中当之无愧的王者，但是两年后的

今天，微软式微，王者异主。微软被苹果公司挤下全球市值最大的科技公司宝座。自从苹果 iPhone 手机和 iPad 平板电脑推出以来，微软的市场地位就不断受到挑战。“华尔街见证了一个时代的结束，而新的时代也已开始：全球科技含量最高的产品不再是你桌上的，而是在你手中。”《纽约时报》如此评价苹果超越微软。

采访者：谷歌是微软的最主要的全面竞争对手。您怎么看待谷歌的崛起呢？

沈寓实：微软其实是最早做搜索的公司之一，但当时看不到赢利点，免费点击怎么赚钱啊？没想到谷歌后来横空出世，创造了广告盈利的商务模式。这个确实是微软错过的良机。这也说明，大的技术革新一定和商务革新相辅相成。

现在是云时代了，回过头来看，搜索引擎其实就是一个云应用：用户输入关键词，指令上传到云，零点零零几秒之后搜索结果就回来了。只是当时还没提“云”的概念而已。现在微软和谷歌都是云计算的全球推手，在云中心、在线服务、移动设备等领域全面竞争，未来的竞争一定更激烈。

采访者：苹果是微软的老对手了，也可能是比谷歌更大的竞争对手，您怎么看苹果公司和它在云这方面的成就？

沈寓实：我个人认为：苹果公司的文化是很值得研究的。可以说，当年是微软和苹果共同成就了 PC 时代，但从商业竞争角度，微软赢了这一局，苹果几近破产。新世纪后，苹果东山再起，从 iPod，到 iPhone，到 iPad，苹果现在的市值都超过微软和谷歌的总和了。

从云时代的角度，iPhone 等不就是个云终端么？不是传统手机，也不是传统电脑，苹果凭借其远见卓识，凭借其硬件、软件、内容和设计的“四位一体”的核心优势，从云终端入手，再次回到了 IT 界的中心。所以你看，一个云应用成就一个谷歌，一个云终端成就一个苹果，云时代的威力可见一斑了。现在云时代才刚刚开始，大戏还在后边。当然，这里要特别说明，以上只是我的个人观点，不代表微软公司。

微软全押“云端”

【背景】2010 年 10 月，微软发布智能手机操作系统 Windows Phone，2011 年 2 月，微软称 Windows 8 将兼容平板电脑，并且将开张类似苹果的应用程序商店，2011 年 9 月，微软发布客厅终端 Kinect。面对新的时代，强劲的对手，微软是否能重返巅峰。

采访者：微软近几年在云领域的作为也不断，微软有什么宏观的规划引领云时代吗？

沈寓实：因为我刚才说的那些原因，微软的全球战略是完全致力于云计算，即云端战略。这和重庆云博会的主题正是不谋而合呢。我刚才提到，微软 CEO 鲍尔默曾公开宣布微软将“尽在云中”（All in Cloud），这也可以被翻译为“全部押在云计算”。

采访者：具体来说，这个全球战略包括哪些方面呢？

沈寓实：具体地说，从产品方面我们会推出“一云三屏”。“一云”指的是云计算的中枢处理系统，比如蓝天平台（Azure）；“三屏”分别指掌上终端，也就是 Windows Phone 等智能手机；桌面终端，我们今年将推出划时代的 Windows 8；和客厅终端，比如 Xbox，特别是不需要任何控制器直接通过感应用户肢体动作来跟用户互动的 Kinect。另外我们还会致力于商务模式的改革。

中国战略地位举足轻重

【背景】无论从个人消费市场所占比重还是从跨国贸易关系来看，以中国为代表的发展中国家在以迅猛的势头赶超发达国家，逐渐成为全球经济增长的引领者。微软总部是如何看待中国的战略地位的，对中国有何战略规划。

采访者：从跨国公司角度，您如何看待中国的机遇？

沈寓实：国际金融危机、债务危机愈演愈烈，云计算和移动互联网又掀起了新一轮 IT 产业的大变革，其影响将辐射世界经济全局。对于跨国公司来说，中国已经逐渐由传统的生产制造中心向“第二个本土市场”转变。面向未来，中国将不再只是廉价的生产基地或庞大市场，而会成为推动跨国公司全球范围内产品和业务模式创新、聚集职能和管理要素的全方位的发展平台。

采访者：对于微软总部来说，中国在微软的全球布局中是怎样的一个位置呢？

沈寓实：谈到云转型，包括技术和商务模式两方面的。我认为这两方面中国都有着举足轻重的作用。由于中国的人才优势，过去我们对中国研发比较侧重。其实商务模式的变革，更有可能在中国突破！从微软总部角度，未来对中国市场人力、资金等投入和预期产出在都会大大增加，我认为发展的重点应该是云计算。

采访者：选择中国作为改革商务模式的重点国家，是基于什么考虑的呢？

沈寓实：这是一个慎重的规划。中国有着最大的市场资源和无限丰富的应用场景，而中国的文化和市场与微软熟悉的欧美国家很不相同，这都是尝试创新的条件。另一方面，中国政府和中国企业高度重视云计算，北京、上海、重庆好多城市都在全力推进云基地和云应用，这方面合作的机遇很大。

采访者：在您看来，从云计算角度，微软提升中国在全球的战略地位遇到的最大的瓶颈是什么呢？

沈寓实：据我所知，很多跨国公司的云产品和云应用尚未在中国发布，一个原因是在中国没有建立数据中心。个中原因和发展契机黄奇帆市长在云博会开幕词中都有论述。

采访者：在中国会重点发展什么区域，沿海还是内陆？

沈寓实：我们目前在沿海的投资比较多。但考虑到沿海跟内陆相比要发达一些，相对来说市场饱和度也要高一些，成本也高一些，特别是考虑到中国西部大开发的机遇，我们今后会重点发展二线城市和内陆地区。

采访者：谢谢你接受我们的访问。

附 3 有中国特色的云计算发展路径

采访者：《浦东时报》记者任姝玮

“中国必须也完全有条件探索出一条具有中国特色的云计算发展路径。”

——沈寓实

（本文原载于《浦东时报》2012年4月刊）随着云计算的不断发展，业界和政府都非常看好云计算技术对大规模数据中心的有效支撑。然而，云计算并不等同于数据中心、硬件、服务器，最重要是会影响各行各业的应用乃至由此爆发出的新产业。2012年4月，微软华人协会主席沈寓实博士一行应邀访问了上海，和上海市科学技术委员会、浦东新区、杨浦区的主要领导进行了会晤，深入探讨了当前世界云计算的发展趋势和中国云计算的发展路径，取得了广泛的共鸣和共识。期间，沈寓实博士还接受了《浦东时报》的专访。尽管业界和大众对云计算还是云里雾里、莫衷一是，但在记者与沈寓实博士的对话中，一条云计算的中国发展路径和规划已经清晰可见。

采访者：您作为国际知名的云计算专家，能介绍一下云计算在全球的发展趋势吗？

沈寓实：云计算是全球IT产业不可逆转的发展方向。首先是信息产业的大融合。当前，三网（电信网、互联网和电视网）在融合，三端（掌上的手机端、桌面的电脑端、和客厅的电视端）也在融合；未来，计算和通信将融合，软件和硬件也会融合，工业化和信息化更会全面融合。

大融合必然带来大变革。我认为，未来的IT将不会是现有技术和现有应用的简单叠加或自然延伸，一定会伴随着重大突破。这包括技术变革、商务变革、政务变革和社会变革。云计算事关全局，将深远影响全球产业布局乃至国家力量对比。

采访者：云计算发展对中国有何意义？

沈寓实：云计算是中国实现信息产业跨越式发展的契机，是近代以来中国第一次在产业变革中与西方强国基本站在同一起跑线上的绝佳历史机遇。但这也是一个巨大的挑战，中国必须也完全有条件探索出一条具有中国特色的云计算发展路径。

首先，以美国为首的西方国家，对云计算的技术变革和商务变革也尚处于摸索阶段，还没有完整的成功路径可循。第二，巨大的市场、旺盛的需求、日新月异的发展，使得中国完全有可能在商务模式创新上率先探索。第三，也是最重要的，云计算还是一场政务变革，将重塑社会的有序化程度，重构社会各阶层的关系，更事关国家安全和核心利益。中美之间的制度差异，不同的政府职能定位和IT产业结构，都决定了中国的云路径将不同于西方。

采访者：国内的云计算产业应如何发展？

沈寓实：任何产业都有产业链，很多个环节互动形成产业集群。要把这些环节中居于核心地位的环节优先发展，形成产业联动。

我认为，在云计算产业中，信息中枢就是产业联动的核心，将辐射到电信运营商、设备制造商、内容提供商、互联网服务提供商、应用创新的小微企业等上下游的一系列企业。信息中枢的基础是数据中心，对集中后的大数据的掌控，对大数据的深度链接挖掘和智能分析，就是未来云产业的"纲"，所谓"纲举目张"。

当然，云基地落实之后，云应用就是决定因素。基础建设和应用要同步发展，相辅相成。在这方面，政府对云应用的引导规划和资源释放，将是非常关键的。

采访者：您对中国和跨国公司在云计算方面的合作有何建议？

沈寓实：发展中国特色的云计算，应该有"自主可控"和"开放共赢"两个基本点。应从中国实际出发，积极跟踪和借鉴国外的前沿技术和更新模式。一个事半功倍的方法就是与国际领先大公司在中国本地进行直接而且深入的合作。

如上所述，信息中枢是云产业的"纲"。但长期以来，由于政策上的原因，比如外资没有牌照、建云基地的公司不能外资控股、中国政府的数据审查过滤（美国政府也有类似要求）等，至今还没有一家外资数据中心在大陆建立。

如何在云时代推进跨国公司和中国的合作共赢，这需要大智慧，需要制度创新。宏观上说，将云计算业务分为本土智能数据处理、国内在岸数据处理、国际离岸数据处理三大板块，进而将本土、在岸和离岸数据分类，采取灵活的政策，将是中国和跨国公司在开放中合作探索中国云模式的重要尝试。

采访者：浦东乃至中国云计算发展的大致路径会是什么样的？

沈寓实：云计算的发展，很可能会以政务和公共服务的云应用为先导，商务模式的革新为初级阶段的核心突破，技术变革为中级阶段的主要推动，云时代新IT产业和政务社会新模式的确立为最终目标。

当然，这只是我的个人预测，现在一切还处于朦胧的起步阶段。历史都是在不确定中走向确定，在偶然中走向必然。我深信中国一定能够发展出一条符合中国特色的成功的云路径，也相信浦东一定能为中国在新世纪的伟大复兴提供雄厚的基础性支撑。

附 4 “云”将为我们带来什么?

采访者:《湖北日报》记者李保林

“目前,云计算于全世界,都还处于朦胧阶段,但由不明朗走向明朗是必然的。”

——沈寓实

(本文原载于《湖北日报》2012 年 6 月刊)2012 年 6 月底,由国务院侨务办公室、湖北省人民政府暨武汉市人民政府联合主办的 2012 华侨华人创业发展洽谈会(简称“华创会”)在江城武汉隆重开幕。此次与会的海外重点专家包括著名华人科学家、诺贝尔物理奖获得者丁肇中教授,法国科学院荣誉主任研究员、全法中国科技工作者协会常务副理事长王肇中,美国北加州中国和平统一促进会会长、美国“泛亚公司”董事长方李邦琴,中关经济文化促进会会长黄锦波,“美华论坛”社长兼总编辑田长焯,中国旅美科协总会会长盛晓明。微软全球华人协会主席、美国华盛顿州孔子学院执行董事沈寓实等。作为云计算领域的高级专家,沈寓实应邀参观了武汉东湖开发区和武汉商贸学院等地。并在“光谷硅谷双谷论坛”上做了关于云计算的世界趋势和中国机会的主题发言。

“今天很多人都在谈‘云’,但对‘云’将带来的变化却并不一定十分清楚。我认为,云计算为中国实现跨越式发展提供了一个机会。”昨日,华创会“光谷—硅谷双谷合作暨光电子产业发展论坛”上,微软总部高级工程师、微软云战略资讯官兼商务总监、微软华人协会主席沈寓实先生在作“云计算的世界潮流和中国机会”的演讲时说。

沈寓实说,目前,云计算于全世界,都还处于朦胧阶段,但由不明朗走向明朗是必然的。

沈寓实认为,当一种资源变成基础性资源后,必然走向集中供给。如电,从爱迪生发明到变成国民经济的基础性资源后,就由电厂集中供电。云计算也是如此。它也将逐步变成一种基础性资源,走向集中供给。也正因为如此,微软、谷歌、亚马逊、苹果都在大力完善、推介各自的云计算,中国应该积极搭建自己的云平台。

沈寓实说,与 1 度电+1 度电=2 度电不同,信息+信息并不一定等于两条信息,信息的叠加效应会带来非凡的价值。“这正如通过分析一个人不同的信息,可以推介出一个适合他的工作岗位一样。”他说,在中国追赶世界潮流的过程中,若仅仅是亦步亦趋，则很难超越美国。但若是借助 IT 技术的突变性效果，就可能实现跨越式的超越。

沈寓实告诫说，在发展自己的云计算过程中，中国尤其要注意探索适合自己的路径。不能亦步亦趋跟着美国走，一方面美国也还没有探索出云计算盈利的成功模式；另一方面，中美市场、文化等的差异。也让中国完全有可能先于美国探索出成功的模式。

本书要点集锦

1. 总论

实际上，解决当前计算机和网络难题的途径不可思议地简单，并且，这个途径能够对未来网络经济带来不可估量的进步。想要知道这个秘密，以及获得相匹配的商业机会，读者需要付出的代价无非是仔细阅读本书内容。如果读者急于知道这个秘密，那么，可以概括为一句话：舍得扬弃过去30年积累的传统理论和技术思路。

本书论述云端计算、互联网、移动通信的理论基础。事实已经证明，过去许多年，三大产业独立发展，前景迷茫难有进步。本书突破传统的思维模式，通盘考虑多个跨领域难题，三大领域互为依托效果倍增，同时颠覆它们的理论架构，自然形成本质可信赖的安全体系。

推广大一统互联网很难吗？不。按照本书论述的路线图，每一步都足以产生自身建网所需的现金流，这就是价值驱动的解决方案。即以战养战形成可持续的扩展模式，促进网络经济井喷。通过充分论证必要性和可行性，本书的结论是大一统互联网近在眼前。

颠覆性的替代技术我们见得不少：DVD(digital video disc/disk)替代录像带，USB(universal serial bus)存储盘替代电脑软盘，手机替代传呼机，MP3替代随身听，数码相机替代胶片相机。值得注意的是，上述被替代的技术都能满足当时的用户需求，表面看很强大，具备长期发展的能力和稳固的市场地位。但这些技术事实上很脆弱，鼎盛时期毫无先兆地被新技术彻底颠覆，整个过程不过短短几年时间。因此，千万不要迷信当前的权威理论和其不可一世的市场地位。本书提出一系列可行的替代技术，颠覆传统，奠定云端计算和大一统互联网的理论基础。今天，云时代信息产业王国向人类开放的天时、地利、人和的条件已经齐备，等待着勇敢者前来耕耘和收获。尽管传统大佬们都渴望把这块地盘纳入自己的势力范围，但幸运的是这个制高点上还没有一个“老大哥”。因此，如何把握这个巨大商机，将考验弄潮儿的智慧和勇气。

云计算的技术不同于PC(personal computer)，就像PC技术不同于中央主机。

颠覆性的先进技术是把双刃剑，在大规模改善传统应用的同时，如果没有推出更高层次的新应用，必将严重挫伤传统产业。回顾当年，人们对IP(internet protocol)电话的追捧程度，超过今天的云计算。但是，IP电话导致电话费下降的速度，远超过消费者使用电话量的增长。很快通话总量趋于饱和，而IP电话费继续下跌，整个产业总收入急剧萎缩。这一切发生在IP电话问世的5年之内。值得注意的是，云计算与IP电话有异曲同工之处。企业用云服务，精简内部IT部门，经营成本大幅下降。一旦云计算超过成熟期，企业IT部门必然大规模迁徙到云平台。由此推测，云计算将导致市场对传统PC、服务器和企业软件产业需求严重萎缩。因此，从产业角度，今天的手持终端市场已经过于拥挤，还必须寻找暴增的新需求填补传统产业大洞，这就是云端服务和网络基础。

展望未来，以信息服务为中心的应用，不论其受欢迎程度有多高，对于网络经济来说，充其量是一道开胃菜。当前，推动规模化云计算的真正瓶颈不在信息服务领域，而是整个网络的生态环境，包括诚信体系。只有完善网络环境，才能避免当年网络电脑的失败，为云计算提供可持续发展的空间和现金流。因此，云计算必须同未来网络影视内容产业和实时视音交流在大一统网络平台上实现价值互补、业务融合和资源共享。

当前计算机和互联网的安全措施都是被动和暂时的，无辜的消费者被迫承担安全责任，频繁地扫描漏洞和下载补丁。进入云计算，不少厂商适时推出云杀毒和云安全产品，可以想象，云病毒和云黑客们的水平跟着水涨船高，杀毒和制毒成为赚大钱的生意。各类安全措施无非在玩猫捉老鼠的游戏，信息安全如同悬在消费者头上的达摩克利斯之剑，网络商业环境今不如昔。本书的目标不是用复杂硬件和软件“改善”安全性，而是建立“本质”安全体系。

2. 关于新型计算机架构

当前的计算机架构是冯·诺依曼(Von Neumann)的一种设计，或者说是个人电脑的流行结构，但并不是人类智能机器的唯一设计。诺依曼架构在功能上受限于一套软件，在性能上受限于一套硬件，进入云时代，显然不是最佳设计。未来云端强大的运算力资源，以及人类对服务品质和体验的无止境追求，必将突破传统诺依曼架构的桎梏。

今天,制造业流水线生产模式早已是理所当然。令人费解的是,在高科技的计算机领域,居然还在延续原始的行为模式。我们看到建立在个人电脑模式上串行处理的中央处理器(central processing unit,CPU)硬件和洋葱式层叠堆积的软件,这种结构注定成为云端技术的发展瓶颈。

当前神经网络研究不应该局限于自学习算法,本书提出神经网络四要素的新理论,包括神经元结构和传导协议、先天本能、免疫和自愈、自学习能力。用一句话概括神经网络的本质,那就是,神经网络的系统能力独立于神经元的复杂度。沿着这一新理论,用异构神经元取代传统的通用电脑,从根本上创立非诺依曼云端计算新体系。

3. 关于大一统网络

当前互联网有两个无法治愈的遗传病:缺乏实时通信能力,和混乱的网络秩序。如果造物主设计网络,绝对不会容忍如此弊端。因此,治愈之法除了彻底替代当前的互联网,别无他途。人类与生俱来追求感官体验高品质,一旦排除互联网弊端,必然引发网络经济井喷式发展。

通信网络是云时代的基础设施,直接决定了云时代服务能力的高度。如果网络基础不稳固,云计算只能停留在简单的信息服务层面,必然导致产业发展低迷。因此,只有先稳固网络基础,才能培育出人类想象力所及的网络应用。自从电报发明以来,通信网络结构发生多次重大变动。本书证明,尘埃落定之后,未来通信世界将变得清澈而单纯,人类终极通信必定收敛于一个简单的实时流媒体网络。

当前互联网是计算机网络,或者说,信息交流网络。大一统互联网是实时流媒体网络,或者说,娱乐体验网络。有了“透明的”实时流媒体通信,个性化电视水到渠成,回头拿下其他多媒体业务只是顺手牵羊。也就是说,传统计算机信息服务包含其中,多媒体、单向媒体播放、内容下载将成为买一送三的附赠品。

4. 关于无线通信

从“三屏融合”角度,我们的目标是提供有线和无线同质化服务。我们的使命是把无线网络的服务能力提高到有线水平,根据香农理论,唯一的出路是微基站网络。而不是把有线网络应用降格成无线水平,走一条宏基站渐进改良,或者“长期演进”的道路。

把无线通信市场局限在“碎片化”时间,其实是降低服务水平的权宜之计,严重拖累网络经济的发展潜力。实际上，问题的焦点不在于新奇的应用，而是基本的带宽资源。香农信道极限理论指出，无线带宽与芯片运算力不同，不遵循类似的摩尔定律。因此，无线网络不能遵循 PC 多次温和改善的模式，而必须走跳跃式道路，先建微基站，再徐图改进。

提升无线带宽只有三条路：改善频谱效率、使用更多频段、和提高频谱复用率。香农明确告诉我们，前两条都是死路，唯有提高频谱复用率能够为我们带来无限量的潜在带宽。也就是说，微基站是无线通信的唯一出路，再大困难也要克服，也能克服。迟早要走不如趁早，快快停止 2G/3G/4G 的宏基站演进路线，避免大量资源无谓地浪费在半道上。

特别推荐参考书

[1] John von Neumann. First Draft of a Report on the EDVAC. Moore School of EE, University of Pennsylvania, 1945.

[2] Gordon Moore, pioneer of the integrated-circuit technology, co-founder of Intel, formulated Moore's Law in 1965, which describes a trend in the computer hardware development.

[3] Robert Metcalfe, invented Ethernet in 1973, founder of 3com, formulated Metcalfe's Law in 1993, which describes a relationship between the value of a telecom network and the number of its users.

[4] Claude Shannon. A Mathematical Theory of Communication. University of Illinous Press, 1949.

[5] Alfred Chandler, James Cortada. A Nation Transformed by Information: How Information Has Shaped the United States from Colonial Times to the Present. Oxford University Press, 2000.

[6] George Gilder. Microcosm: the quantum revolution in economics and technology. Touchstone, 1990.

[7] George Gilder. Telecosm: how infinte bandwidth will revolutionize our world. The Free Press, 2000.

[8] George Gilder. Telecosm: the world after bandwidth abundance, Revised and with a new afterword. Touchstone, 2002.

[9] Dan Reingold, Jennifer Reingold. Confessions of a Wall Street Analyst: A True Story of Inside Information and Corruption in the Stock Market. Harper Collins Publishers, 2005.

[10] Nicholas Negroponte. WIRED Columns. WIRED Ventures. 1993-1998.

[11] Michael Miller. Cloud Computing: Web-Based Applications That Change the Way You Work and Collaborate Online. Que Publishing, 2009.

[12] Vinay Kumar. MBone: Interactive Multimedia on the Internet. New Riders, 1996.

[13] John von Neumann. The Computer and the Brain, 2nd Edition. Yale University Press, 1958.

[14] Simon Haykin. Neural Network, A Comprehensive Foundation, 2nd Edition. Prentice Hall, 1999.

[15] Alan M. Turing. On Computable Numbers, with an application to the Entscheidungsproblem. Proceedings of the London Mathematicai Society, Second Series, V. 42, 1937, p. 249.

[16] David Isenburg. Rise of the Stupid Network. Computer Telephony, 8-1997.

[17] Robert Metcalfe. Packet Communication, MIT Project MAC Technical Report, MAC TR-114, 12-1973.

[18] Vincent Nouyrigat. Internet au bord de I' explosion. SCIENCE & VIE, 3-2009.

[19] Peter Freeman. Beyond IPv6. www. nsf. gov/cise/oad/freeman-talk-page/ 2005-12-9-geni. pdf

[20] Karen Southwick. High Noon: The Inside Story of Scott McNealy and the Rise of Sun Microsystems. John Wiley & Sons, 1999.

[21] Annabelle Gawer, Michael A Cusumano. Platform Leadership: how Intel, Microsoft and Cisco Drive Industry Innovation. President and Fellows of Harvard College, 2002.

[22] Zheng Wang. Internet QoS: Architecture and Mechanisms for Quality of Service. Morgan Kaufmann Publishers, 2001 by Lucent Technologies.

作 者 简 介

高汉中出生于上海，少年时迷上无线电。1966年，初中二年级失学。

1978年，跳级考入上海交通大学电子学研究生，获硕士学位。

1980年，赴美留学，两年后，获得爱荷华州立大学第二个电机硕士学位。

1982年，进入M/A COM(休斯下属)研究中心任工程师，从此开始前沿通信网络技术研究开发的生涯，至今从未间断。M/A COM期间，在乔治华盛顿大学带职修完全部通信专业博士生课程(1984—1986)。

1988年，创立美国Glocom公司，从事移动卫星通信设备开发。期间担任总体设计师，成功研制全球第一台手提式M型移动卫星地面站，以及其他许多项目。1996年，参与创立TEKI公司，从事IP路由器和IP电话设备开发。2000年，创立MPI公司，从事MP视讯网络理论和技术研究开发。2007年，建立个人实验室，从事超宽带移动通信网络理论和技术研究开发。2009年，从事新一代云端计算机理论和技术研究开发。

高汉中具有广泛的专业知识覆盖面，涉及许多独立领域，包括：通信理论、数据调制、信道编码、视音频压缩、无线和微波电路、PSTN、ATM和SDH光纤网络、IP路由器、IP电话和电视、网络交换、网络存储、网络协议、云计算、数据挖掘、神经网络、信息安全等。

高汉中拥有多项核心发明专利，包含网络、移动通信、云端计算领域的开创性理论和技术。

作 者 简 介

沈寓实博士，微软高级工程师，微软云计算中国区总监，微软亚洲人力资源总会(Microsoft Asian ERG)主席，微软华人协会(CHIME)顾问、前主席；云计算、视频编解码和无线通信领域的国际著名专家，美西著名社会活动家和华人社团领袖。

出生于中国北京，小学到高中就读于北京景山学校。

1997 年考入清华大学电子工程系，2001 年获得学士学位。

2001 年赴美留学，就读于美国加州大学圣迭戈分校 (Univ. of CA, San Diego) 并获得全额奖学金。2003 年和 2006 年分别获得电子计算机工程硕士和博士学位。攻读博士期间曾在摩托罗拉和 Entropic Communications, Inc. 担任兼职工程师。2005 年获得由中国教育部和留学生基金委颁发的“杰出海外留学生”奖(中国政府给予海外留学生的最高奖励)。

2006 年加盟微软总部，负责微软多媒体平台的研发、整合和技术支持。参与了 Windows 7 和 Windows 8 操作系统的设计开发。他是微软印度多媒体支持中心创始人之一。2012 年起开始负责微软云计算的战略、商务拓展和政府事务等工作。

2010 年起出任微软华人协会(CHIME)主席，任职期间主办或协办了亚洲春节晚会、辛亥革命讲坛、全美亚裔杰出工程师颁奖典礼、中美经济合作市长级会议、国际儿童节、文化中国·名家讲坛、文化中国·四海同春等一系列活动。2012 年底升任微软亚洲人力资源总会主席，成为担任此职位的首位华人。他也是美国华盛顿州孔子学院、美洲中国工程师学会、西雅图花园协会、明日中华教育基金会等诸多社团的董事或顾问。

2012 年获得美国华盛顿大学(Univ. of Washington)工商管理学硕士(MBA)学位。

沈寓实在视频通信和云计算等领域有多本英文专著，是大型专著《云计算 360 度—微软专家纵论产业变革》一书的总主编和主要作者之一。曾发表十余篇核心期刊论文，多次应邀参加或主持相关国际会议并做主题发言，是电子和计算机工程领域十几个 SCI 收录的专业期刊或会议的专业论文评审员。他在海内外高科技公司、华人团体和中美政府中均具有广泛的人脉关系与较高的影响力和号召力。